썸타는
천문대

별 좀 아는 오빠가 풀어주는
130억 년 우주의 사랑과 이별 이야기

지웅배 지음

살림

칠레의 라스 캄파나스 관측소. 세계의 거대한 망원경들이 모여 있다.
(출처: Las Campanas Observatory)

중앙에서 새롭게 반죽되는 아기 별에 의해 항성풍이 생겨났다. 둥글고 푸른 가스 거품은 항성풍이 만든 것. 항성풍으로 주변에 남아 있던 가스 물질은 모두 깨끗이 청소되었을 것이다.
(출처: NASA/ESA/Hubble Space Telescope)

사라진 별들이 남기고 간 가스 구름이 짙게 모여 있는 용골 성운. 다시 새롭게 아기 별이 태어나면서 가스 구름 사이로 빛줄기를 내뿜고 있다. 별은 가스에서 태어나고, 가스로 돌아간다.
(출처: NASA/ESA/Hubble SM4 ERO Team)

화성 표면에서 처음으로 액체 상태로 흐르는 물의 흔적이 발견된 헤일 크레이터의 사면.
화성 주변을 맴도는 화성 지형탐사 궤도선 MRO가 물이 녹아내리면서 산사태가 나는 모습을 관측했다.
(출처: NASA/JPL/University of Arizona)

두 별이 서로 주변을 함께 맴돌고 있는 커플 별 쌍성. 안타깝게도 우주의 절반은 이런 쌍성으로 채워져 있다.
(출처: NASA/JPL-Caltech)

충분한 질량의 가스 구름을 초반에 모으지 못해, 핵융합의 불씨를 피우지 못하고 그저 미지근한 가스 덩어리로 머물게 된 갈색왜성의 안쓰러운 모습이다.
(출처: NASA/Gemini Observatory)

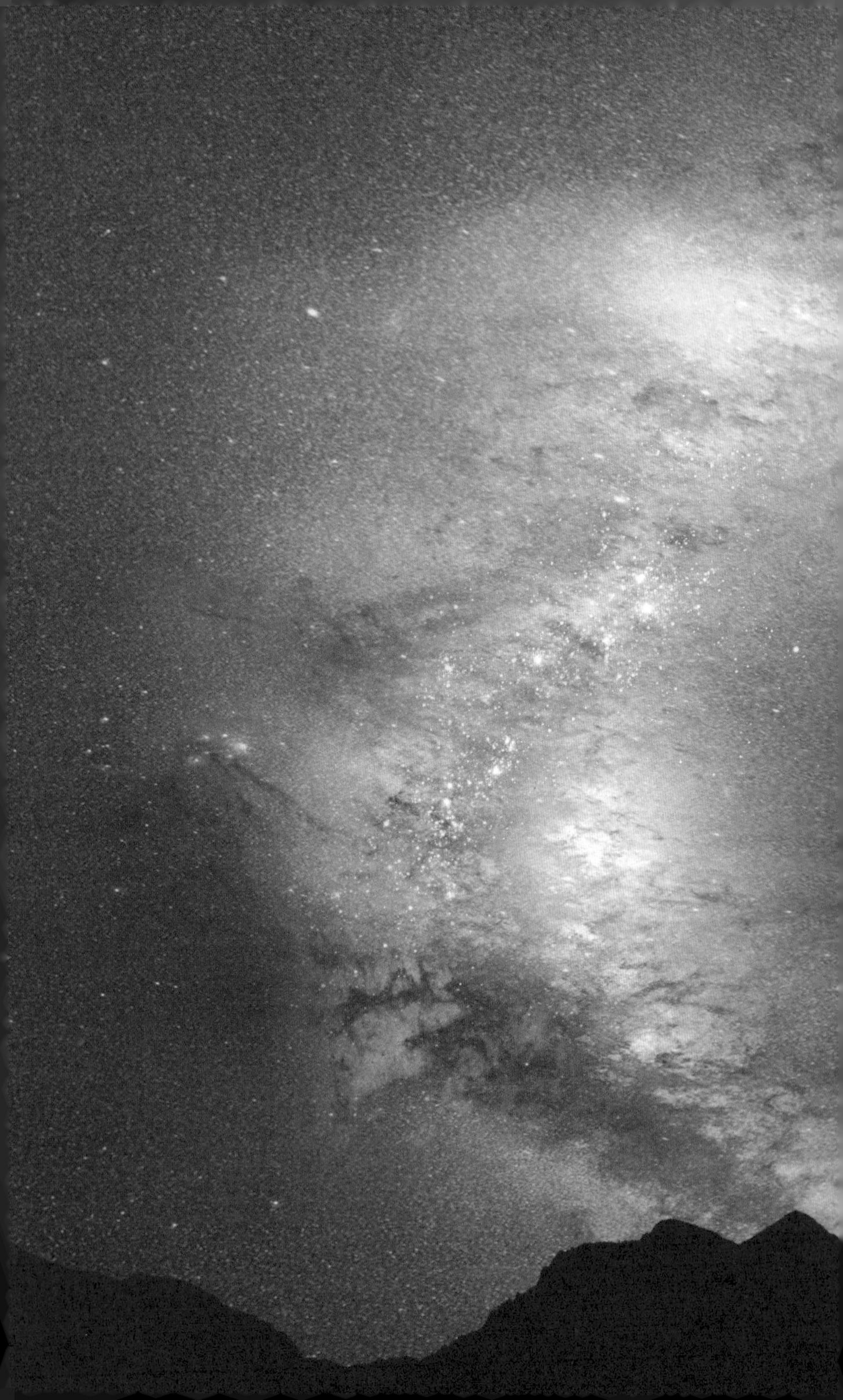

현재 빠른 속도로 다가오는 안드로메다 은하가 우리은하와 충돌했을 때 보게 될 미래의 밤하늘. 약 370만 년이 지나 우리 지구에 살고 있을 후손들은 이런 휘황찬란한 밤하늘을 만끽할 수 있을 것이다. 우리 고유의 은하수와 250만 광년 거리에서 날아온 외계의 은하수가 뒤섞인 모습이라니. 밤하늘에 별이 두 배로 많아진다면 얼마나 아름답고 환상적일까?

(출처: NASA)

엑스선과 적외선, 그리고 가시광선으로 관측한 별이 탄생하는 지역의 모습. 거대한 가스가 한번에 수축하는 것이 아니라 알맹이가 생기듯이 국부적으로 밀도가 높은 부분이 형성된다. 그리고 이 부분에 집중적으로 밀도와 온도가 높아지면서 별이 만들어지는 것을 볼 수 있다.
(출처: 엑스선 : NASA/CXC & 적외선 : NASA/JPL & 가시광선 : ESO/WFI/2.2-m)

나선은하 NGC4039와 NGC4038이 충돌하면서 각자의 긴 별 꼬리를 그리고 중간에 아름다운 하트를 만들었다. 흥미롭게도 두 은하가 충돌하는 하트 속에서는 가스 구름이 새롭게 충돌하고 반죽되면서 아기 별들이 태어난다. 하트 부분만 잘 돌려보면 태아 모습으로 보이기도 한다.
(출처: PROMPT/CTIO/NASA)

유럽의 어마어마했던 계획. 땅을 파서 만드는 아레시보 형태의 전파 망원경도 아니고 고개가 돌아가는 반사 망원경으로 100미터 규모를 건설하려고 했다. 물론 지금은 좋은 추억일 뿐이다.
(출처: ESA)

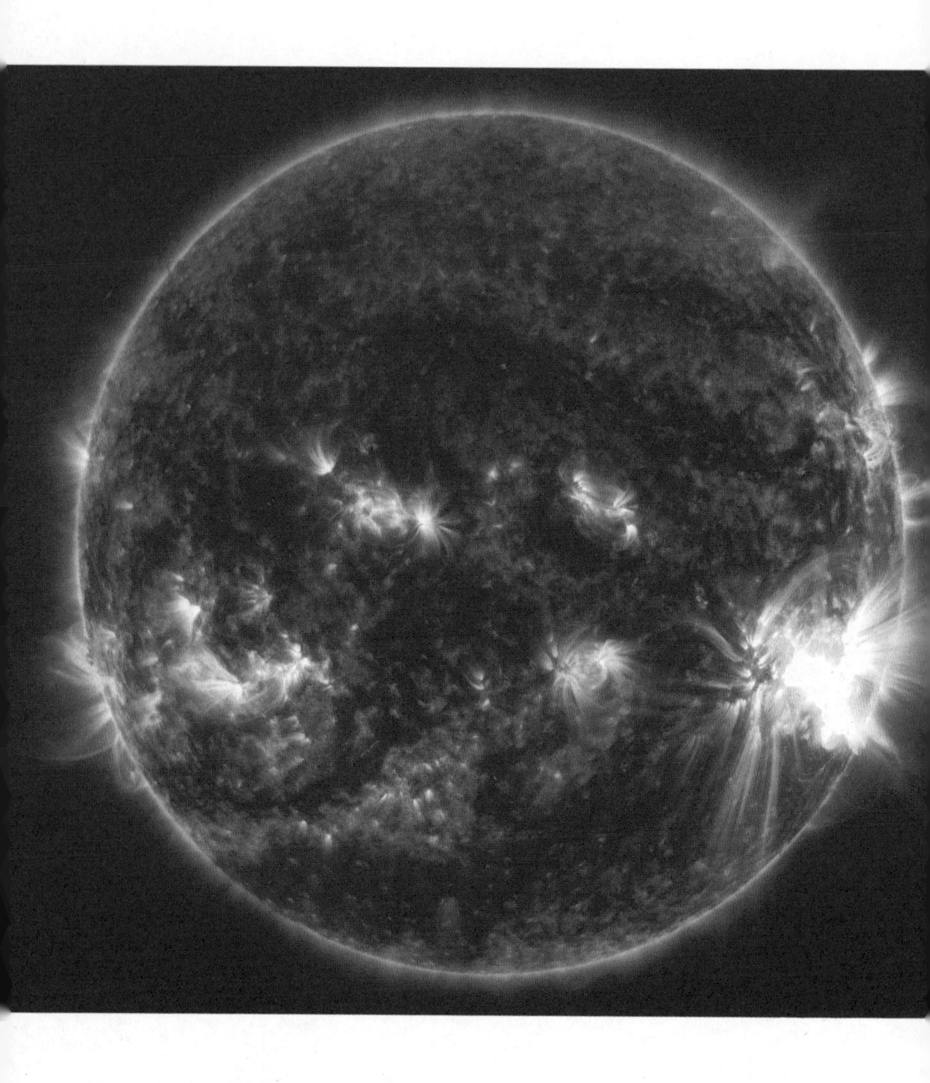

태양이 내뿜은 아주 강력한 X급 플레어의 모습이 오른쪽 아래에 잘 담겨 있다. 이 플레어는 지구에서 봤을 때 수성보다도 더 크게 보이는 흑점을 만들었다.
(출처: NASA/SDO)

펄럭이는 것처럼 보이는 성조기와 함께 있는 버즈 올드린. 고개를 돌릴 수 없는 우주복은 깃발 쪽을 향하고 있지만, 우주복 안에 있는 올드린의 고개는 카메라를 향해 있다.
(출처: NASA/Apollo11)

책을 시작하며

우리가 별의 일부인 이유

기쁨과 슬픔, 아름다움과 지질함, 거룩함과 하찮음. 우리는 사랑을 하며 감정의 양극단을 오간다. 그러면서 그 감정 스펙트럼의 전체를 경험하게 된다. 연인들을 부러운 눈으로 바라보기도 하고, 떨리는 마음으로 누군가에게 고백을 하고, 알콩달콩한 데이트를 즐기고, 뜨거운 사랑을 나누다가 눈물을 보이며 이별한다.

내가 존재하기 이전부터 사랑은 지구에 존재했다. 나 역시 사랑을 경험하고 있으며, 내가 사라진 후에도 이 세상에서는 끊임없이 사랑이 싹튼다. 과거에도 있었고 현재에도 있고 미래에도 있을 사랑은 천문학자 칼 세이건Carl Edward Sagan이 이야기했던 이 시공간을 아울러 그 모든 곳에 존재하는 코스모스Cosmos 그 자체인 셈이다.

1979년에 노벨 물리학상을 받은 셸던 리 글래쇼Sheldon Lee Glashow는 이런 말을 했다.

"인간은 원자에 비해서는 너무 크고, 별에 비해서는 너무 작다."

우리 인간의 몸 덩어리는 원자를 연구하기에는 너무 크고 별을 연구하기에는 턱없이 작다. 우리의 큰 손으로 원자를 하나씩 짚어가며 바라볼 수 없고, 우리의 작은 품에 거대한 별과 행성을 끌어안을 수 없다. 어찌 보면 우리 인간은 미시 세계와 거시 세계, 그 어느 곳에도 적합하지 않은 것 같다.

인간은 자연과학을 하기에 신체적 조건이 최악인 영장류다. 하지만 지금까지 우리 인류는 오로지 상상력과 통찰력을 통해 미시 세계와 거시 세계를 오가며, 이 우주에 숨어 있는 놀라운 비밀들을 파헤쳐왔다. 그리고 꽤 잘해오고 있다.

너무 쉽게 긴장하고 너무 쉽게 슬퍼하고 너무 쉽게 사랑에 빠지는 우리의 뇌와 마음은 사랑이라는 마음을 완벽히 감당하기에는 너무 여리다. 때로는 너무 차갑다. 하지만 꿋꿋하게 사랑을 하며 슬퍼하고, 사랑에 빠진 동안 즐거워한다. 그 감정에는 묘한 중독성이 있다. 나를 비롯한 수많은 천문학도와 천문학자는 그 밝혀질 듯 밝혀지지 않는 우주에 사랑을 느낀다. 그리고 우주의 비밀에 묘한 중독성을 느끼고 완벽히 매료되어 있다.

천문학도로서 이 책을 통해 단언할 수 있는 것이 두 가지 있다. 하나는 우리 모두가 정말로 별의 일부라는 사실이며, 또 다른 하나는 모든 것은 생성되었다가 사라진다는 것이다. 다소 지나치게 문학적이고 이미 익숙한 말이라고 여길 수도 있지만, 아주 먼 곳에 있는 별을 관측할 때마다 수많은 천문학자들이 어김없이 그런 사실 앞에서 겸손해지고 들뜨며 별과 사랑에 빠진다.

내가 처음 우주의 매력에 푹 빠지게 된 것은 우연히 보게 된 만화영화 때문이었다. 기계 인간이 되겠다는 죽은 어머니와의 약속을 지키기 위해 안드로메다행 999호 열차에 올랐던 철이, 그리고 그와 함께 여행을 떠났던 메텔. 그들의 이야기를 보며 나의 눈에 처음으로 우주가 들어왔다. 나의 스케치북과 연습장은 어설프게 그린 우주 속 기차 그림으로 가득해졌고, 연필이며 필통이며 기다란 물건은 내 손에서 999호 열차가 되어 방을 날아다녔다. 그렇게 나에게 천문학이라는 티켓이 쥐어졌다. 나는 연구실행 열차에 몸을 실었다. 그리고 그 열차는 지금도 우주를 달리고 있다.

나는 여전히 우주가 좋다. 때로는 나를 혼란스럽게 하고 때로는 그 속마음을 쉽게 이야기해주지 않아 답답할 때도 있지만, 그런 매력조차 마음에 든다. 어쩌면 우주에게 콩깍지가 씌어 있는지도 모르겠다.

당신의 그 혹은 그녀가 너무 사랑스러워서 팔불출처럼 주변에 자랑하고 떠벌리지 않으면 못 배기는 것처럼, 나 역시 이 아름답고 완벽한 우주의 매력을 여기저기 떠벌리고 싶은 충동을 참기 어렵다. 이 책은 그런 나의 욕구를 한 글자 한 글자에 해갈하는 마음으로 써내려간 것이다.

'솔로 – 상대 발견 – 썸 타기(상호작용) – 상태 유지 – 이별'이라는 사랑의 과정은 별이 생성되었다가 소멸하는 순서와 다르지 않다. 관측 가능한 우주를 연구하는 천문학도로 살며 수많은 사람들의 삶, 특히 사랑이 지구 밖 무수한 별들의 생과 다르지 않다는 생각을 했다. 그 닮은 점을 동력으로 이 책을 썼다.

사랑의 시작부터 끝이 나는 과정을 단계별로 나누어 단원을 구성했다. 이 책을 읽는 독자가 사랑의 흐름을 쉽게 따라가면서 우주와 별이 생성되고 소멸하는 과정을 이해할 수 있도록 했다.

이 책을 읽는 사람 중 천문학을 막연하게 별을 보는 일이라고

만 생각했던 이가 있을 것 같다. 이 책을 덮었을 때 천문학이 '지금 우리가 여기에 있음'을 알리고 발견하는 일임을 알아채는 계기가 되기를 희망한다.

사랑하는 사람과의 데이트가 설레고 기대되는 것처럼, 매일의 밤하늘은 같은 듯 다르다. 그 안에는 무수한 변주가 있다. 우주는 매일 밤 새로운 비밀과 함께 하늘 위로 떠오른다.

자, 이제 사랑을 할 시간이다.

2016년 가을,

연희동에서 지웅배

차례

2장

지구에서 우주까지 "당신을 더 알고 싶어."

1장

•

태양이 별에게 묻다

"지금 사랑하고 있나요?"

01

태양과 솔로의 공통점

본격적으로 썸에 대한 이야기를 진행하기 앞서, 아무래도 먼저 당신에게 지금 애인이 있는지를 묻는 것이 예의가 아닐까 싶다. 지금 만나는 사람이 있는가, 아니면 자유를 만끽하고 있는가? 그것도 아니라면, 모태 솔로?

'모태 솔로'라는 말에 동요될 필요는 없다. 지구에 있는 모든 솔로를 모아 부대를 만들어도 절대로 이기지 못할 대단하고 거대한 솔로가 있기 때문이다.

그 주인공은 바로, 지난 50억 년 동안 분노를 뜨겁게 불태우며 하늘 높이 떠 있는 우리의 별 태양이다.

별들도 하는 연애

매일 아침 우리를 따스하게 비춰주는 태양을 한번 바라보자. 그 곁에 태양과 함께 빛나는 또 다른 별이 보이는가? 눈이 부실 정도로 따가운 햇볕아래서 눈을 씻고 찾아봐도 태양의 곁에는 아무것도 없다.

그나마 우리 태양에서 가장 가까이 붙어 있는 별, 프록시마 센타우리Proxima Centauri는 태양에서 약 4.37광년 거리에 떨어져 있다. 우주에서 가장 빠르다는 빛의 속도로 달려도 무려 4년은 넘게 걸리는 아주 먼 거리다. 지구를 비롯한 작은 행성 덩어리들만 곁을 맴돌 뿐, 함께 짝을 이룬 파트너 별은 없다. 태양은 단언컨대 솔로, 그것도 모태 솔로다.

태양뿐 아니라 밤하늘에서 매일 볼 수 있는 모든 별은 작고 희미한 점으로 홀로 덩그러니 떠 있는 것처럼 보인다. 얼핏 보기에는 이 우주가 솔로 천국 같다. 하지만 정말 아쉽게도, 우주도 우리가 살고 있는 이 현실과 별반 다르지 않다. 우주의 많은 별은 우리 태양과 달리 바로 곁에 또 다른 별을 두고 서로의 중력에 붙잡힌 채 맴돌고 있다.

이런 커플을 '별이 짝을 이루고 있다'는 뜻에서 쌍성Binary Star이라고 부른다. 쌍성을 이루고 있는 두 별은 그 별과 별 사이의 질량 중심점Mass Central Point을 중심으로 공전한다. 서로를 마주본 상태로 계속 왈츠를 추고 있는 셈이다.

뿐만 아니라 우리의 현실 세계 못지않게 아침 드라마 속 주인공만큼이나 지저분한 연애를 즐기고 있는 별들도 있다. 이 별들은 단순히 하나의 파트너로 만족하지 못하고, 셋이 함께 얽혀 있는 삼각관계, 심한 경우 사각관계, 그 이상도 더러 있다. 이렇게 여러 별이 모인 불안정한 상태를 다중성Multiple Star이라고 부른다.

우주에서 커플과 솔로의 상대적인 비율은 얼마나 될까? 지금까지 관측된 별들의 통계에 따르면 우주 전체에서 태양처럼 홀로 외롭게 떠 있는 단일성과 하나의 파트너를 두고 있는 쌍성, 그리고 약간은 복잡한 다중성의 비율은 대략 45 대 46 대 9다. 태양을 비롯한 '싱글' 상태의 별들이 우주의 거의 절반을 차지하고 있다. 그 수에 버금가는 별들이 열심히 뜨거운 연애 중이다. 그리고 별 전체에서 1퍼센트 미만에 달하는 일부 다중성들은 물리적으로도 복잡한 관계를 아슬아슬하게 즐기고 있다.

별들이 서로의 중력으로 한데 모여 서로의 주변을 맴돌 때, 그 개수가 많아질수록 안정된 시스템을 오래 유지하는 것이 어려워진다. 곁에서 자신을 붙잡고 끌어당기는 다른 별의 수가 많아지면 힘의 방향이 복잡하게 뒤섞이면서 갈피를 잡지 못하기 때문이다. 그러면서 어떤 별은 바깥으로 내던져지기도 하고 서로 부딪힐 수도 있다.

한 시스템을 이루고 있는 별의 수가 많아질수록 서로 적당한 거리를 유지하며 일정한 궤도를 오랫동안 유지하는 경우가 적다. 때문에 상대적으로 쌍성과 솔로 상태인 별에 비해 삼중성과 사중성 등 지저분한 다중성을 이루는 별의 비율이 적어진다. 누구는 십수 년째 여자 손도 못 잡아봤는데, 가스 덩어리 주제에 삼각관계, 사각관계라니. 참 요망하다.

이렇게 짝을 이뤄 서로의 곁을 맴돌고 있는 쌍성들이 더욱 요망하게 보이는 이유는, 아주 민망하고 진한 스킨십을 나누고 있기 때문이다. 특히 서로의 곁에 가까이 붙어 거의 표면이 맞붙어 있는 접촉 쌍성Contact Binary의 경우, 서로의 강한 중력이 상대 파트너의 표면에 있는 가스 입자들을 끌어당겨 자기 쪽으로 흘러오게 만든다. 마치 팔을 뻗어 손을 마주 잡고 있는 길거리의 커플들처럼 착 달라붙은 상태로 서로의 몸을 어루만지며 별에서 별로 물질이 이동한다.

우주라는 공공장소에서 대놓고 염장질을 하고 있는 대표적인 커플 별이 있다. 국자 모양 별자리 북두칠성 옆에 있는 거대한 별, 즉 커플인 큰곰자리 W별을 예로 들 수 있다. 지구에서 약 170광넌 거리에 떨어진 이 두 별은 워낙에 가까운 탓에 거의 서로의 표면이 맞붙은 채로 거대한 땅콩처럼 두 가스 덩어리가 뭉개졌다. 외로운 태양 주변에는 이처럼 꽉 껴안은 채 볼과 살을 맞대고 맴도는 염장 쌍성들이 아주 흔하다.

천문학의 관점에서 보는 커플의 가치

친구들과 유명인들의 연애 소식은 나와는 전혀 상관없는 이야기이지만, 자꾸 눈과 귀가 쏠리기 마련이다. 그 둘은 어떻게 연애를 시작하게 되었는지, 둘 중에 누가 먼저 고백을 했는지 늘 알고 싶어진다. 어차피 나를 배 아프게 만드는 연애사이지만, 자꾸 더 캐고 싶은 묘한 궁금증이 생긴다.

이처럼 우주 곳곳에 숨어서 우리 몰래 연애질을 하고 있는 별, 스타Star들의 연애 현장은 단연코 천문학자들에게는 아주 중요한 가십이다.

태양처럼 혼자 외롭게 빛나고 있는 별을 관측해봤자 얻을 수 있는 정보는 제한적이다. 기껏해야 그 별의 겉보기 밝기와 빛나는 색깔 정도다. 그 별이 얼마나 무거운지, 태어난 지는 얼마나 되었는지, 어떤 화학 원소로 이루어져 있고, 앞으로 어떤 물리적 상태를 겪게 될지까지는 알기 어렵다. 솔로 별에게서는 더 다양한 뒷이야기를 조사할 수 없다.

그러나 만약 다른 별과 함께 짝을 이뤄 돌고 있는 쌍성이라면 순식간에 그 별에게서 캐물을 수 있는 이야기가 무궁무진해진다. 두 별이 서로의 곁을 맴도는 궤도운동의 주기와 그 궤도의 크기를 통해, 각 별이 발휘하는 중력의 세기를 가늠할 수 있다. 그리고 이것을 통해 각각의 별이 얼마나 무거운지 질량을 쉽게 계산할 수도 있다. 이렇게 구한 별의 질량은 곧 그 별을 이루는 가스 덩어리가 얼마나 많이 모여 있는지를 의미한다.

연쇄 작용으로, 곧 그 별의 중심이 얼마나 강한 중력을 받으며 뜨겁게 짓이겨져 있는지도 알 수 있다. 커플 별을 관측하면 각 별이 얼마나 뜨거운 별인지 그 온도도 유추할 수 있는 것이다.

이렇게 파악한 각 별의 질량과 표면의 온도를 통해, 그 별이 앞으로 얼마나 오랜 시간 동안 자신의 연료를 소진하게 될지에 관한 노화 속도도 파악할 수 있다. 단순히 커플이라는 이유 하나만으로 천문학자들이 그 별에게서 캐낼 수 있는 정보가 많아진다.

은밀한 사생활을 캐내는 덴 망원렌즈가 최고

사람과 마찬가지로 별도 연애를 하다보면 자기도 모르게 비밀을 드러내며 본색을 들킨다. 천문학자들에게 쌍성을 사냥하는 것은 연예부 기자들이 유명인들의 연애 현장을 몰래 지켜보는 것만큼이나 달콤하고 두근거리는 일이다. 이 별들의 열애설의 명확한 증거를 포착하기 위해, 천문학자들은 자리를 지키며 대포만 한 망원경 렌즈를 들이밀고 밤을 지새운다.

단순히 망원경으로 쌍성을 바라봤을 때 실제로 그 별들이 서로의 중력으로 엮여 있는 하나의 역학적인 시스템인지, 아니면 단순히 비슷한 시선 방향에 놓여 겹쳐 보이는 것인지 분간하는 것은 까다로운 일이다. 겉으로는 그저 친한 동생, 아는 오빠 사이일 뿐이라고 거짓 연기를 펼치고 있는 것인지 조금 더 자세하게 파볼 필요가 있다.

노련한 천문학자에게는 그 열애설의 진실을 밝힐 수 있는 노하우가 있다. 우선 같은 방향에 보이는 두 별을 오래 두고 어떻게 움직이는지 그 운동 상태를 지켜보면 된다. 앞서 설명했듯이 쌍성을 이루는 두 별은 역학적으로 묶여 있는 하나의 시스템으로 서로가 서로의 곁을 맴돈다. 만약 단순히 비슷한 시선 방향에 놓여 있어 함께 보이는 것일 뿐 실제로 하나의 계界로 엮여 있지 않다면, 그들은 아무리 오래 두고 바라봐도 서로의 주변을 맴도는 사랑의 왈츠를 추지 않을 것이다. 별들의 궤도운동을 포착하기 위해서는 조금 시간이 걸리는 다소 원시적인 방법을 써야 하지만, 조금의 인내심만 있다면 별들의 열애 현장을 포착할 수 있다.

하지만 무턱대고 별들이 어떻게 움직이는지 하염없이 바라보고 있을수만은 없다. 그보다 조금 더 노련한 두 번째 방법으로 별의 밝기 변화를 이용하는 것이 있다. 우연히 짝을 이루고 있는 두 별의 궤도면이 적당히 기울어져서 그중 하나의 별이 다른 별을 바라보는 우리 시야 사이를 주기적으로 지나간다면, 한 별이 파트너 별을 가리고 지나갈 때마다 그 가려진 만큼 쌍성 전체의 밝기가 조금 어두워지는 것처럼 보이게 된다. 즉, 반복해서 밝기가 밝아졌다 어두워졌다를 반복하는 쌍성을 발견한다면 이렇게 생각해 볼 수 있다는 뜻이다. 곧 다른 별이 파트너 별 곁을 맴돌면서 우리의 시야 사이로 들어왔다가 나왔다가를 반복하고 있다는 아주 확실한 증거를 포착한 것이라고. 이런 노하우는 단순히 서로의 곁을 맴도는 별뿐 아니라, 별 곁을 맴도는 다른 외계 행성들의 존재를 파악하는 데도 좋은 방법이 된다.

이런 여러 가지 노하우를 통해 천문학자들은 밀회를 즐기는 쌍성들의 현장을 포착하고, 그들이 들려주는 사사로운 스캔들을 구경한다.

불과 100년 전만 해도 쌍성을 발견하는 일이 쉽지 않았다. 그래서 새롭게 발견된 쌍성들은 스포츠 신문의 1면을 장식하는 기사 마냥 학술지에 크게 발표되기도 했다. 하지만 요즘에는 대스타가 아닌 이상 열애설 그 자체만으로 크게 관심을 받기 어려운 것처럼, 이 커플 별도 흔한 천체가 되어버렸다. 이런 와중에도 변하지 않는 것은, 쌍성은 솔로 별에 비해 우리에게 들려주는 이야기가 더 풍부하다는 것이다. 그래서 천문학적으로도 커플이 솔로보다 더 유의미하다.

태양이 솔로 생활을 청산할 가능성

그렇다면 여태까지 태양은 솔로에서 탈출할 기회가 없었을까? 그리고 앞으로 기회는 오지 않는 걸까? 우선 모태 솔로인 태양의 현실을 제대로 파악하기 위해서는 태양과 그 주변 행성들이 처음 우주에 만들어졌던 순간으로 돌아가야 한다.

태양은 우주에서 지극히 평범한 온도와 질량을 갖고 있는 별이다. 우주의 모든 별을 모아놓고 봤을 때 아주 약간 가벼운 축에 속한다. 무겁지도 않고 작지도 않다. 표면 온도도 평균에 조금 못 미치는 수준으로 6,000도 정도다. 별치고는 미지근한 편이다.

우주의 모든 별은 거대한 가스 덩어리가 서로의 중력에 의해 수축하는 과정에서 만들어진다. 거대한 가스 덩어리에서 별 여러 개가 한꺼번에 만들어지기 때문에 별은 무리지어서 태어나는 것이 보통이다.

그중에서 우연히 거리가 가까운 거리에서 별 2개가 만들어진다면, 태어날 때부터 서로의 중력에 이끌려 짝을 이뤄 맴돌기 시작한다. 이때 곁에 다른 별을 붙잡아 맴돌게 만들기 위해서는 자신의 덩치가 충분히 커서 생겨난 강한 중력으로 파트너를 포획할 수 있어야 한다.

중력은 별의 세계에서 얼마나 많은 파트너를 곁으로 끌어당길 수 있는지를 의미하는 매력의 척도가 된다. 마치 그저 같은 공간에만 있어도 썸을 타는 상대 혹은 마음에 드는 이성에게 자꾸 눈이 가고 옆으로 다가가고 싶어지는 인력Attraction이 작용하는 것처럼, 중력도 서로 멀찍이 떨어져 있는 두 별이 서로를 향해 다가가게 만드는 묘한 마법 같은 성질을 갖고 있다.

이때 중력은 둘 사이의 거리가 가까워질수록, 그리고 별의 질량이 더 무거울수록, 힘의 세기가 강해진다. 만약 덩치가 작아서 중력이 약하다면 다른 별이 가까이 다가오는 행운이 왔다고 하더라도 안정적으로 오랫동안 붙잡아놓을 수가 없다. 중력이 약한 별은 그저 곁을 스쳐 지나가는 다른 별들을 멍하니 바라보고 손가락만 빨고 있어야 한다.

만약 운 나쁘게도 처음 만들어졌을 때 가까운 거리에 다른 별이 없다면, 앞으로 쭉 외로운 삶을 살아가게 된다. 태양을 비롯한 대부분의 별은 뜨겁게 타오르는 가스 덩어리이기 때문에, 중심의 들끓어오르는 뜨거운 에너지를 참지 못하고 주변으로 강한 에너지를 뿜어낸다. 따라서 거대한 가스 구름의 한 구석에서 별이 하나 만들어지게 되면, 대부분은 그 갓 태어난 별이 토해내는 강한 에너지의 바람인 항성풍Stellar Wind에 의해 주변의 그나마 남아 있던 가스 잔해들이 모두 날아가게 된다. 결국 이미 태어난 별 곁에 새로운 별을 만들 가스 물질이 고스란히 남아 있을 수 없기 때문에 새로운 별이 만들어질 수도 없다.

태양 역시 이런 과거를 갖고 있다. 제 외로움을 못 이기고 히스테리를 부린 바람에, 그나마 솔로에서 탈출할 수 있을 뻔한 나머지 기회마저 흩날려버렸다. 이 가혹한 우주에서는 커플이 될지 모태 솔로로 살아갈지, 태어나는 그 순간 결정되는 셈이다.

영화 「인터스텔라」에서 앤 해서웨이가 연기한 브랜드라는 인물은, 미지의 외계 행성에 혼자 남겨져 있을 자신의 애인을 그리워하며 이런 말을 했다.

"사랑과 중력만이 유일하게 차원을 넘을 수 있다."

다른 힘과 달리 차원을 넘어 작용할 수 있고 우주의 오작교가 되는 중력의 성질을, 사랑의 오묘한 특성에 비유한 말이다.

우리는 현실 세계에서 당장 내 곁에 존재하는 사람을 포함해 과거에 존재했던 사람을 추억한다. 그리고 아직 만난 적 없는 미래의 상상 속 배우자를 떠올리기도 한다. 시공간을 넘어서는, 차원이 다른 사랑의 위력은 전 우주를 가득 지배하고 있다. 사랑과 중력은 우주에서 가장 강력하고 보편적인 힘이다.

아쉽게도 우리 태양은 별들의 세계에서 흔하디 흔한 중력의 혜택을 누리지 못했다. 태어나던 순간부터 지금까지 우리가 알고 있듯 모태 솔로로서 그 외로운 위용을 뽐내고 있을 뿐이다. 더 안타까운 사실이 있다. 태양도 태어날 때 주변 가스 물질을 다 날려버렸기 때문에 새로운 별이 다시 태어날 여지를 남겨두지 못했다! 한 번 솔로는 영원한 솔로여야 하는 걸까? 모태 솔로 일정의 법칙이라도 통하는 것일까? 태양은 남은 일생도 솔로로 살다가 갈 운명이다.

여태까지 그래왔고 앞으로도 계속 외롭게 불타오르다 차갑게 식어갈 50억 년 모태 솔로 태양의 나 홀로 인생은 현재 진행 중이다. 누군가는 이 보편적인 사랑의 혜택을 나 혼자 누리지 못한 것 같아 억울한 마음이 들 것이다. 그리고 그 마음을 하늘에 떠 있는 동병상련의 가스 덩어리 태양을 보며 달래고 있을지도 모른다. 맨눈으로 태양을 바라볼 때 눈이 시리면서 눈물이 고이는 이유는, 아마도 눈부신 태양 빛 속에 녹아 있는 외로움이 눈에 닿았기 때문이 아닐까. 매일 아침 태양을 바라보며 모쏠도 울고, 태양도 운다.

02

점점 낮아지는
외계 행성 탐사 평가 기준

밤하늘이나 보며 영 쓸쓸해하는, 같은 연구실의 Y에게 소개팅을 시켜줘야겠다는 생각이 들었다. 며칠 고민을 하다 여자 인맥을 끌어모았다. Y는 스마트폰으로 그녀들을 쓰윽 보더니 눈 하나 깜짝하지 않았다. 눈이 높았다. 너, 모쏠이잖아!

NASA의 예산 위원회보다 더 까다로운 동료의 장단을 맞추느니 포기하는 편이 내 정신 건강에 이롭겠다는 생각이 들었다. 매일 상상하고 소원하는 완벽한 상대가 꼭 세상에 계시길 바랄 뿐이다. 차라리 지구 바깥이 되는 외계를 둘러보는 편이 나을 듯싶다. 정말로 해답이 외계에 있을지도 모를 일이다.

안드로메다에서 이상형 찾기

지구에서 아직 발견하지 못한, 생사 여부 자체가 불분명한 신원 미상의 짝을 찾기 위해 지구뿐 아니라 우주까지도 함께 고려해보자. 국제 연애, 국제 결혼도 몇 년 전까지만 하더라도 어르신들이 혀를 끌끌 차게 만드는 이상한 모습이었지만, 지금은 굉장히 자연스러워지지 않았는가? 머지않아 성간 연애, 성간 결혼도 평범한 일이 될지 모른다.

짝을 찾고 싶다면 일단 마음을 우주만큼 넓게 갖자. 혹시 아나. 외계 출신은 우리보다 키도 크고, 가슴도 크고, 그것도 크고, 다 크고……. 지구인과 연애하면서는 맛볼 수 없는 또 다른 그들만의 매력이 있을지. 모집단이 다양하고 많을수록, 성사될 기회는 그만큼 더 많아지니까!

천문학자들도 태양계 바깥에서 우리 지구처럼 생명체가 살법한 행성을 찾아 나섰다. 지금까지 우리가 잘 아는, 생명체가 살고 있는 행성은 단 하나 지구뿐이다. 따라서 일단은 지구를 모범 답안 삼아 외계 행성을 탐사할 수밖에 없다. 즉, 천문학자들에게 생명체가 살 수 있는 외계 행성이란 곧 지구와 환경이 비슷한 행성과 동의어가 되는 셈이다.

그렇다면 태양계 바깥의 수십, 수백 광년 떨어진 별 주변에 지구와 같은 행성이 존재하는지는 어떻게 확인할 수 있을까?

가장 먼저 쉽게 떠올릴 수 있는 탐사 방법은 직접 촬영하는 것이다. 그러나 아쉽게도 행성은 별처럼 스스로 빛을 내는 천체가 아니다. 곁에 있는 별빛을 겨우 반사하고 있기 때문에 그 모습을 직접 눈으로 확인하는 것은 아주 어렵다. 게다가 워낙에 밝은 별빛에 의해 그 주변에 있는 행성의 희미한 빛이 다 파묻히기 때문에, 사실상 별 주변을 맴돌고 있을 행성의 모습을 직접 망원경으로 촬영하는 것은 불가능에 가깝다. 원빈 옆에 가면 누구든 다 오징어가 되어버려 눈에 들어오지 않는 것처럼, 밝은 별과 그 곁에 바짝 달라붙어 있는 외계 행성계의 모습을 멀리서 바라보면 행성이 존재하는지 티도 나지 않는다.

관측 기술과 함께 관측 자료를 처리하는 기술이 발달하면서, 별을 찍은 사진에서 밝은 별빛에 해당하는 성분만 영상 처리 기술로 제거해, 희미한 행성의 모습을 보는 경우도 있다. 하지만 이렇게 외계 행성의 모습을 확인하는 경우는 아직까지 드물다. 그마저도 어두운 사진에 뿌옇게 묻은 얼룩처럼 보일 뿐이다. 그래서 외계 행성을 찾고 싶다면 직접 촬영하는 방식[Direct Imaging]은 포기하는 편이 좋다.

진화하는 외계 행성 사냥법

따라서 천문학자들은 별 곁에 무언가 맴돌고 있음을 확인하기 위해 다른 방법을 사용한다.

행성 중에서 목성처럼 질량이 꽤 나가는 경우, 그 별과 행성 사이의 질량 중심점이 별의 중심에서 살짝 벗어나게 된다. 엄밀하게는 행성이 별을 중심으로 도는 것이 아니라 별과 행성 모두 각자의 질량 중심점을 중심으로 맴돌고 있는 것이다. 그러나 대부분 별의 질량이 행성에 비해 월등하게 높기 때문에 그 질량 중심이 별의 중심과 거의 비슷하고, 따라서 별이 조금씩 뒤뚱거리는 것은 티가 나지 않는다. 그러나 목성처럼 꽤 무거운 행성이 별 곁을 맴돌고 있는 경우에는 무거운 행성의 중력으로 별을 앞뒤로 뒤흔든다.

이 현장을 멀리 떨어진 지구에서 바라본다면 어떻게 보일까? 상대적으로 어두운 행성은 그 모습이 거의 보이지 않는다. 따라서 지구에서 보기에는 커다란 별이 혼자 앞뒤로 뒤뚱거리는 것처럼 보일 것이다. 그러나 이러한 별의 외로운 독무 뒤에는 별빛에 가려 보이지 않는 곳에서 열심히 파트너를 뒤흔들고 있는 작은 외계 행성이 숨어 있다. 천문학자들은 외계 행성은 볼 수 없지만, 그 곁에 있는 별의 춤사위를 통해 밝은 별빛 속에 파묻힌 숨은 행성의 덩치와 질량을 파악할 수 있다.

최근에는 이보다 더 기똥찬 방법으로 굉장히 많은 외계 행성을 사냥하고 있다.

태양을 비롯한 대부분의 별 곁에는 행성들이 있다. 그리고 그 행성들이 별의 주변을 맴돌며 궤도운동을 하고 있다. 그런데 우연히 별 주변을 맴도는 행성이 우리가 별을 보는 시야 사이를 가리고 지나간다면, 이때 작은 행성에 의해 별의 일부분이 가려지면서 아주 미세한 외계 일식 현상이 발생한다. 작은 행성의 뒤통수 실루엣에 의해 별빛의 일부가 가려지면서 굉장히 미세한 밝기 감소 현상이 발생하는 것이다. 행성은 규칙적으로 별 주변을 맴돌기 때문에 이러한 밝기 감소 현상은, 행성이 별 앞을 가리고 지나갈 때마다 규칙적으로 찾아온다.

이 간단한 아이디어를 통해 천문학자들은 최근 10년 간 무려 2,000개가 넘는 외계 행성을 발견했다. 지금껏 써먹은 외계 행성 사냥 방식 중 가장 효율적인 것으로 알려져 있다. 우주에 올라가 백조자리 방향의 밤하늘을 바라보며, 이런 규칙적인 밝기 변화가 일어나는 별을 사냥했던 케플러 우주 망원경Kepler Space Telescope은 아쉽게도 자세를 제어하는 부품이 하나 고장 나면서 잠깐 탐사를 중단해야 했다. 그러나 그동안 워낙에 모아놓은 데이터가 많아서 지금까지도 케플러 망원경의 데이터를 처리하고 있다. 다행히 케플러 망원경은 새롭게 수정된 궤도를 돌며, 더 넓은 하늘 영역을 탐사하는 K2 미션으로 외계 행성 탐사를 이어오고 있다.

이 방식을 통해, 얼마나 크고 무거운 행성이 별 앞을 가리고 지나갔는지를 알 수 있다. 그리고 그 행성이 거대한 가스 행성인지 아니면 지구와 같은 작고 땅땅한 암석형 행성인지도 구분할 수 있다.

또한 행성이 얼마나 자주 별 앞을 지나가는지 그 주기를 알면 별과 행성 사이 거리도 쉽게 계산할 수 있다. 행성이 별에 너무 가까이 붙어 있으면, 가까운 별의 강한 중력에 바짝 사로잡혀 아주 빠르게 맴돈다. 그러나 반대로 별에서 멀리 떨어져 별의 중력에서 느슨해지면 아주 천천히 주변을 맴돌게 된다. 이를 통해, 그 행성이 별에 너무 가까워서 뜨겁게 메마른 사막인지, 별에서 너무 멀어서 차갑게 얼어붙은 얼음 지옥인지, 우리 지구처럼 바다가 액체 상태로 존재할 수 있는 적당한 온도를 갖추고 있는지 검증할 수 있다.

이 별에서 너무 멀지도, 그렇다고 너무 가깝지도 않은 딱 적당한 중간 지대의 범위를 생명 가능 지대 Habitable Zone 혹은 골디락스 존 Goldilocks Zone 이라고 부른다. 골디락스는 서양의 괴상한 동화에 나오는 주인공이다. 동화 내용은 이렇다. 골디락스라는 한 소녀가 우연히 곰 가족이 살고 있는 집에 무단 침입을 하게 된다. 그 소녀는 마침 테이블에 놓여 있던 스프 3개를 발견한다. 배고픔에 지쳐 있던 소녀는 허락도 받지 않고 곰 가족 몰래 스프를 떠먹기 시작한다. 첫 번째 스프는 먹기에 너무 뜨거웠고, 두 번째 스프는 차갑게 식어 있었다. 마지막 세 번째 스프가 먹기에 적당한 온도여서, 소녀는 맛있게 스프를 먹었다는, 한 소녀의 주거침입과 무전취식을 다룬 인상 깊은 이야기다. 골디락스가 적당한 온도의 스프를 골랐듯, 천문학자들도 딱 적당히 미지근한 행성을 찾고 있다.

케플러 망원경의 그림자 사냥 방식은 별빛을 가리는 행성의 실루엣이 클수록, 그리고 행성이 별 앞을 자주 가릴수록, 즉 행성이 별에 가까워서 공전 주기가 짧을수록 행성을 포착하는 데 더 쉽다. 그래서 확률적으로 별에 가까이 붙어 돌고 있는 큰 사이즈의 가스 행성이 자주 확인된다.

이런 행성은 목성처럼 거대한 가스 행성이라 별빛을 많이 가리고, 또 별에 가까이 붙어 공전하기 때문에 그림자를 자주 만들어 검출되기 쉽다. 이런 행성을 뜨거운 목성Hot Jupiter이라고 부른다. 지금까지 이런 행성들이 주로 발견됐는데, 그것은 뜨거운 목성들이 우주의 대부분을 차지하고 있기 때문이 아니라 사냥당하기 쉽기 때문이다. 아마도 우주에는 우리 지구와 같은 작은 암석형 행성이 훨씬 더 많을 것이다. 워낙에 작아서 사냥하기 어려울 뿐.

서서히 낮아지는 기준,
현실과 타협하기

그동안 우리 인류는 지구를 우주 최고의 낙원이자 유일한 생명의 보고로, 유토피아로 생각했다. 태양에서 내리쬐는 충분한 에너지E, Energy, 그리고 그 아래 적당한 온도 덕분에 풍성하게 머금을 수 있는 수분H, Hydration, 그 사이에서 완성된 완벽한 조화. 지구는 예술ART 그 자체다. 재밌게도 우리 지구는 이미 그 이름 속에 예술을 내포하고 있다. E-ART-H.

이 아름다운 지구처럼, 그동안 천문학자들은 기본적으로 생명체가 살기 위해서는 우리가 살고 있는 지구와 비슷한 환경을 갖추고 있어야 한다는 대전제 아래서 외계 행성 탐사를 진행해왔다. 간단히 생각하면 당연한 가정 같다. 하지만 냉정하게 생각해보자. 과연 그 전제가 옳다고 볼 수 있을까?

외계 생명체의 가능성을 연구하는 과학자 중에는 망원경은커녕 밤하늘은 신경 쓰지 않는 천문학자도 있다. 그들은 하늘을 보는 대신 지구 곳곳 오지를 돌아다니며, 땅과 개울을 샅샅이 뒤진다. 땅을 파헤치는 천문학자다. 이들은 유독한 가스로 펄펄 끓고 있는 화산에 인접한 간헐천, 햇빛이 거의 스며들지 않는 심해, 극한의 추위로 얼어붙은 고산지대 등 지구상에서 과연 어떤 극악의 환경까지 생명체가 존재할 수 있는지를 확인한다.

놀라운 사실은, 우리 인간은 버티고 살 수 없을 극악의 환경에서 신진대사를 하고, 대를 이어가며 생존하는 생명체들이 있다는 것이다. 이런 극지 환경에서 살고 있는 작은 미생물에 비해, 어쩌면 우리 인간이 더 연약한지도 모르겠다.

이처럼 극지 환경에서 연명하는 생물을 극지 생물[Extremophile]이라고 부른다. 이런 극지 생물들이 거주하는 환경은 지구 전체에서 보자면 일부일 뿐이다. 지구의 대부분은 우리 인간을 비롯한 일반적인 동식물이 살아가기에 적당한 바람과 강수, 적당히 온난한 기후와 풍토를 갖고 있다. 지구 전체에서 비율로 따져봤을 때 이런 극지 생물들이 살아가는 환경은 소수에 불과하다고 볼 수 있다.

그런데 그 관점을 그대로 가져와서 우주를 바라본다면 어떻게 될까? 지금까지 발견된 외계 행성들을 쭉 보면, 우주에 존재하는 대부분의 행성은 지구처럼 바다와 적당한 기후를 갖고 있는 암석 행성이 아니라, 목성과 같은 거대한 가스 덩어리 혹은 명왕성처럼 차갑게 얼어붙은 얼음 덩어리가 태반이다. 오히려 우주 전체의 입장에서 보면, 우리 지구와 같은 환경은 소수에 해당한다.

즉, 지구라는 환경은 우주에서 축복받은 아주 예술적인 유토피아가 아니라, 오히려 우주에서 아주 일부분에 해당하는 극지일지도 모른다. 그리고 우리는 그 지구라는 극지에서 겨우 살아가는 생물이 아닐까.

외계 행성 탐사 초기에는, 전 세계가 지구와 비슷한 환경을 갖춘 행성이 아주 많이 발견될 것이라고 기대했다. 물론 지금까지 비약적으로 발전해왔다. 그리고 굉장히 많은 수가 발견됐다. 하지만 지금까지 발견된, 지구와 환경이 비슷한 외계 행성의 전체 수에 비교하자면 그리 큰 부분을 차지하지는 않는다. 탐사가 진행될수록 외계 아마존을 꿈꿨던 많은 천문학자들은 실망할 수밖에 없었다. 우리의 기대보다 우주는 훨씬 더 척박하고 볼품없는 것 같았다.

그런 연이은 실망과 함께, 마냥 높기만 했던 천문학자들의 눈도 서서히 내려가기 시작했다. 그와 함께 오지를 탐험하는 우주 생물학자들에 의해 극지 생물들의 독특한 스펙이 새롭게 알려지면서, 우리가 그동안 상상해왔던 생명체에 대한 페러다임이 뒤집어지기 시작했다. 독소로만 인식했던 원소인 비소를 섭취하고, 몇 달 동안 물과 햇빛 없이도 생명을 이어가는 미생물들이 발견된 것이다.

오히려 인간보다 더 강인한 극지 미생물들의 발견은 우리 천문학자들에게 무한한 가능성을 시사한다. 비록 우리 인류가 살기에는 적합하지 않아 보이는 환경의 행성이라도, 그곳 나름대로 그 환경에 맞추어 진화한 생명체가 존재할 가능성이 있기 때문이다. 비소로 뒤덮인 행성에서 인류는 살 수 없다. 그러나 이 미생물은 이주할 수만 있다면 큰 문제없이 호의호식하며 번영할 것이다.

외계 행성 탐사 초반에는 지구인에게 필요한 모든 조건이 딱딱 맞게 세팅되어 있는, 지구의 쌍둥이 행성 같은 곳을 찾아 나섰다. 그런 행성이 어딘가에는 있을 것이라 막연하게 기대했고, 조금만 기다리면 망원경의 시야 안으로 짠 하고 나타날 것만 같았다.

그러나 더 좋은 망원경을 만들고 우주 곳곳을 샅샅이 뒤졌지만, 아직까지도 생명체의 징후가 포착된 행성은 없다. 가끔 지구와 비슷한 환경으로 기대되는 후보지들이 발견되면서 우리를 설레게 만들지만 또 하나의 희망고문일 뿐.

이런 반복되는 기대와 허탈감 속에서 천문학자를 비롯해 인류 모두의 눈이 서서히 너그러워지기 시작했다. 새로운 행성에서 발견되는 생명체가 우리처럼 두 다리로 걸을 필요도 없고, 폐로 호흡을 하지 않아도 된다고 기대를 낮추기 시작한 것이다. 그저 어떤 유기물이든 생명으로서 그 행성에서 살아만다오. 몇 십 년 째 허탕만 치는 우주 생물학자들의 절박한 심정이다. 이제는 정말 뭐든 살아 있는 것이면 된다는 심보다.

당신을 위해 설계되지 않은 우주

한때 동화 속 왕자님을 꿈꾸는 여성들의 초이상주의를 비꼬면서 잠깐 인기를 끌었던 노래가 있다. 마치 완벽한 남자가 부르는 달콤한 세레나데 같이 시작하던 노래는, 후반부에서 "그런 완벽한 남자가 왜 너 같은 여자를 만나냐"라면서 굉장히 파렴치하게 반전을 준다. 당시 이 노래의 가사를 반대 입장으로 바꿔, 말도 안 되는 현모양처를 꿈꾸는 남성들을 겨냥한 답가까지 발표되기도 했다.

우리는 모두 자기 나름대로의 특별한 인생을 산다. 그러면서 나만의 독특한 외모, 성격, 가치관을 갖게 됐다. 우리는 그 존재 자체로 이미 우주에서 유일한 존재다. 즉, 애초에 이 세상 어딘가 마치 나를 위해 모든 것을 갖추고, 나의 이상형에 딱 들어맞게 세팅되어서 태어난 사람을 찾겠다는 것은 생물학적으로 정말 이기적인 심보일지도 모르겠다.

그 한결같은 인내심과 탐구욕은 높이 살만하나, 마냥 완벽한 지구형 행성이 갑자기 나타나기를 바라는 것은 과욕이다. 주변에서 찾을 수 있는 범위 내에서, 어느 정도 내가 맞춰줄 수 있는 부분은 현실에 맞게 타협하면서, 그렇게 적당히 나의 눈높이를 칼리

브레이션Calibration 할 수 있어야, 즉 재조정할 수 있어야 본격적인 연애에 돌입할 수 있다.

한때 근거 없는 자신감에 푹 취해, 마천루 같이 높은 눈을 뽐내던 내 친구들은 길고 긴 솔로 생활에 지쳐, XX 염색체면 다 괜찮다는 푸념을 뱉고는 한다. 이상형은 그저 이상일 뿐. 현실에서의 승리를 위해서는 빠른 태세 변환이 필요하다.

아직도 완벽한 골디락스 존을 좇고 있다면, 혹은 꿈속의 이상형에 빠져 지금 곁에 있는 상대에 만족하고 있지 못하다면 우리의 지구를 보자. 우리 지구가 먼 미래에 찾아올 외계 종족을 위해 존재하는 것이 아니듯, 나 역시 내가 만날 짝을 위해 완벽하게 탄생하지 않았다. 지구는 지구 나름대로, 나는 나대로, 그리고 당신은 당신 나름대로의 매력과 가치를 가졌다.

지구는 아름답다. 그것은 객관적으로 지구가 가장 아름답고 완벽한 환경적 조건을 갖추고 있는 행성이기 때문이 아니다. '지구가 살기 좋다'는 생각은 지극히 우리 지구인만의 입장이다. 전혀 다른 환경의 행성에서 살고 있는 생명체에게는 오히려 지구가 살기 어려운 환경일 수도 있다. 지구는 그저 우주에 떠도는 수천억, 그 이상의 작은 암석 행성 중 하나에 불과하다.

그러나 지구는 소중하고 특별하다. 우리가 지금 이곳 지구에 기대어 잠을 자고, 밥을 먹고, 매일을 함께하기 때문이다.

그렇다. 지금 내 곁에서 함께 사랑을 나누고 있는 이가 특별하고 소중한 것은, 그 사람이 눈에 띄게 예쁘고 이상적인 몸매를 갖고 있기 때문이 아니다. 그저 지금 나와 함께하고 있는 내 짝이기 때문에 그 자체로 소중하고 특별하다. 결국 가장 포근하고 편안한 안식처는 지금 우리가 살고 있는 지구뿐일 것이다.

2장

•

지구에서 우주까지

"당신을 더 알고 싶어."

01

천문학자들을 헷갈리게 하는 외계의 신호

가끔 보면 참 사람 헷갈리게 하는 이들이 있다. 별 생각없이 걸치고 온 옷을 예쁘다고 칭찬해주고, 나의 표정에서 우울함을 눈치채고 걱정해준다. 오죽하면 방송에 공개적으로 사연을 보내, 자신을 혼란스럽게 하는 상대의 의도를 물어보는 일까지 벌어질까. 많은 사람이 애매모호한 신호들을 주고받으며 썸 감별을 하느라 에너지를 소모한다.

하지만 오매불망 외계 문명의 신호를 기다리며 매일 밤 설렘에 꽉 찬 천문학자들의 지고지순한 기다림에 비하면 솔로들의 썸 전쟁은 애교에 불과하다.

세티, 펄사, 신호 감지, 성공적

1960년대 중반. 갓 완공된 거대한 아레시보Arecibo 전파 망원경을 통해 시작된 외계 지성체 탐사 프로젝트가 있다. 바로 세티SETI, Search for Extra-Terrestrail Intelligence다.

세티를 필두로, 우주 어딘가 숨어 있을지 모르는 외계 지성체들의 신호를 탐사하는 데 대중의 관심이 한창 집중되어 있었다. 산 한복판에 지름 300미터가 넘는 거대한 인공 크레이터를 파서 만든, 세계 제일의 망원경이 보여주는 그 압도적인 규모와 위엄 덕분에 세계 언론과 대중은 빠르면 10년 안에 외계 지성체의 신호를 포착하게 될 것이라고 했다. 지금 생각해보면 헛웃음 나오는 낙관적인 기대였다.

그렇게 대중과 과학계 모두 외계인 사냥의 성공 여부에 들떠 있던 상황에서, 때마침 감칠맛 나는 흥미로운 관측 소식이 발표됐다. 1967년 11월 28일, 천문학자 안토니 휴이시Antony Hewish, 1924년~와 조셀린 벨 버넬Jocelyn Bell Burnell, 1943년~이 하늘에서 아주 독특한 천체 현상을 발견하게 된다. 그들의 전파 안테나에 잡힌 이 천체는 거의 1.3초에 한 번 꼴로 아주 강한 전파 신호를 내보내며 깜빡거렸다.

우주에 있는 별과 은하 대부분은 그 듬직한 덩치에 걸맞게 수천만 년에서 수억 년 정도의 길고 느린 주기로 변화를 겪는다. 그래서 천체 변화 대부분은 수 세대에 걸친 자료를 통해 검증된다.

그런데 당시 그들이 발견한 현상은 불과 1초, 우리 손목시계의 초침이 한 눈금씩 똑딱똑딱 움직이는 그 짧은 시간 안에 강한 전파 에너지를 내뿜으며 깜빡이고 있었다. 당시로서는 단순한 자연 현상이라고 보기 어려울 정도로 아주 이상한 결과였다.

외계 지성체의 신호를 곧 포착할 것이라는 세티 프로젝트에 대한 당시의 낙관적인 기대와 함께 이 발견이 때마침 발표되면서, 수많은 언론과 현장의 천문학자들 모두가 정말로 지구를 향해 전파 교신을 보내고 있는 외계인을 발견한 것이라고 들떠 있었다.

한때 천문학자들은 이 천체에 아주 인상적인 별명을 붙였다. 피부가 녹색인 작은 사람, 즉 외계인을 뜻하는 리틀 그린 맨Little Green Man이라는 별명이었다. 당시 관측된 이상 전파 신호에 대한 대중의 호응과 관심을 느낄 수 있는 사례다. 이후 1968년, 신호를 처음 관측했던 천문학자들은 이 천체를 논문에 소개하면서 깜빡이는Pulsating 별이라는 의미로서 펄사Pulsar라는 용어를 처음 소개했다. 즉 전파 신호를 강하게 방출했다가 방출하지 않았다가를 반복하는, 사이키 조명과 같은 천체를 의미하는 말이다. 현재 이 용어는 이러한 리틀 그린 맨 천체들을 일컬어 부르는 천문학 용어가 됐다.

외계인의 깜빡이 등대로 의심되는 천체가 발견되기 전, 바로 같은 해에 천문학자 프란코 파치니Franco Pacini, 1939~2012년는 아주 짧은 시간을 주기로 깜빡이는 전파 광원이 존재할 수 있다는 가설을 제안하는 논문을 발표했다. 그의 가설에 따르면, 무거운 별은 일생의 마지막 단계에서 큰 폭발을 하고, 이때 별의 중심에 아주 강하게 응축된 핵이 노출된다는 것이다.

전기적으로 양성을 띄는 양성자와 음성을 띄는 전자가 너무 강하게 응축되면 별이 폭발한다. 이때 남은 별의 중심핵은 하나의 거대한 중성자가 된다. 이를 중성자별Neutron Star이라고 한다. 이렇게 만들어진 중성자별에서는 마치 지구의 자기장이 남극과 북극에서 나오고 들어가는 것처럼 별의 양극을 중심으로 자기장 다발이 새어나오게 된다. 그 자기장을 타고 강한 에너지가 방출되는 동시에 중성자별이 아주 빠르게 자전할 것이라고 프란코 파치니는 예측했다.

그런데 자기장의 축과 자전하는 축이 약간 뒤틀려 있다면, 멀리서 그 모습을 바라봤을 때 회전하는 중성자별의 전파 방출 방향이 시야로 들어왔다가 벗어났다가를 반복하게 될 것이다. 해변가에 서 있는 등대에서 회전하는 조명이 시야에 들어왔다가 벗어났다가를 반복하는 것처럼 말이다. 바로 파치니가 제안했던 것이,

이렇게 빠르게 자전하면서 깜빡이는 것처럼 관측되는 중성자별 모델이었다.

한동안 이 리틀 그린 맨이 정말 외계인의 신호일 것이라고 기대했던 외계인 팬들의 설레발이 무색하게도, 1년 후 약 6,500광년 거리에 떨어진 게성운Crab nebula에서 1초 만에 무려 30회나 깜빡이는 또 다른 리틀 그린 맨이 발견됐다. 그리고 이런 등대들의 존재가 계속해서 확인됐다.

천문학자들은 계속 추가로 발견되는 리틀 그린 맨들을 면밀하게 관측했다. 그리고 그것들의 정체는 실제로 강한 에너지를 내뿜으며 자기 중심축에서 자전하고 있는 중성자별이라는 다소 김빠지는 가설에 무게를 두게 된다.

이후 펄사를 처음으로 발견한 공로를 인정받은 천문학자 휴이시는 순수 천문학자로는 처음으로 노벨 물리학상을 받는다.

공상과학 영화처럼 외계인 신호를 포착하겠다는 세티 프로젝트가 게시된 지 그리 오래 지나지 않아 이런 흥미로운 전파 광원이 발견됐다. 때문에 터무니없을 것만 같았던 이 프로젝트에 대한 당위성과 사회적인 호응을 일으키는 계기가 됐다. 물론 아쉽게도 그 이후로 지금까지 확실하게 외계인이 보낸 인공 신호로 확인된 사례는 없다.

그러나 아레시보 전파 망원경은 지금도 산 중턱에 움푹 파인 거대한 위용을 자랑하며, 최근 10년 동안 발견된 지구형 외계 행성 방향을 겨누고 언제 날아올지 모르는 외계인의 신호를 기다리고 있다.

시발(始發), 행성 발견

외계인의 신호로 의심되는 신호가 또 한 번 관측되면서 지구인들을 충격에 빠트렸던 일이 2016년에 벌어졌다.

이번 논란의 주인공은 2009년에 발사됐던 케플러 망원경이다. 이 망원경은 태양에서 지구와 비슷한 거리만큼 떨어져서 태양 주변을 맴도는 일종의 작은 인공 행성으로, 태양계 바깥 다른 별 주변을 맴도는 외계 행성을 사냥하는 임무를 맡고 있다.

앞서 설명했던 쌍성의 경우와 비슷하게 별 주변을 맴도는 외계 행성이 별을 바라보는 우리의 시야를 주기적으로 가리면서 밝기가 어두워진다.

보통 케플러 망원경이 발견하는 외계 행성으로 인한 별의 밝기 변화는 아주 미미하다. 아주 거대한 가스 덩어리인 별에 비해 그 주변을 맴도는 행성들의 크기는 터무니없이 작기 때문이다. 우리 태양계만 봐도, 별 중에서는 그리 크지 않은 축에 속하는 태양도 지구보다 100배 이상 크다. 이런 거대한 별 앞을 조그만 행성이 잠깐 가리고 지나가면서 만드는 밝기 변화를 수백 광년 떨어진 거리에서 검출하는 것은 아주 까다로운 일이다. 9,500만 화소의 정밀한 장비를 탑재하고 있는 케플러 망원경이기에 가능한 일이다.

그렇게 외계 행성 사냥을 계속 이어오던 어느 날. 케플러 망원경은 평소와 다른 독특한 신호를 포착했다. 2015년 10월, 백조자리 방향으로 약 1,480광년 거리에서 빛나고 있는 어두운 별 KIC 8462852는 전 세계 천문학자들의 이목을 집중시켰다. 이 별에서 발견된 밝기의 변화는 무려 22퍼센트. 가장 어두울 때가 가장 밝을 때에 비해서 무려 22퍼센트나 차이를 보인 것이다. 게다가 밝기 변화의 일정한 주기도 파악되지 않았다. 그냥 갑자기 별의 밝기가 4분의 1 가까이 어두워졌고, 다시 불현듯 밝아졌다. 정확한 이유는 알 수 없었지만 단순히 별 앞으로 작은 외계 행성이 지나가면서 별빛을 가린 것이라고 보기에는 미심쩍은 현상이었다.

이 발견이 발표되면서, 천문학자들은 이 행성을 부를 때 비공식적으로 WTF 행성이라고 한다. 점잖은 척하는 사람들은 이 별명을 보고 '밝기 변화는 어디에서 온 것일까?Where's The Flux?'의 줄임말이라고 하지만, 우리 천문학자들은 모두 '시○ 이게 뭐야?What The

F**k?’의 줄임말이라는 것을 알고 있다. 외계 문명을 발견할 수 있지 않을까, 하는 기대를 불러일으킨 시발점이 됐다는 면에서 아주 잘 어울리는 별명이라고 생각한다.

대체 이 현상을 어떻게 설명할 수 있을까. 고상한 천문학자들이 이 현상을 설명하기 위해 열심히 머리를 쥐어짜는 동안, 일부 짓궂은 외계인 팬들이 공상 과학 소설에 자주 등장하는 외계 문명의 인공 구조물의 증거라는 흥미로운 가설을 제안했다. 외계인 팬들이 기대하는 것처럼 이 WTF 행성에 정말 고도로 발전된 외계 문명이 살고 있다고 생각해보자. 우리보다 수천, 수만 년 더 진보한 기술 문명을 갖추고 있다면, 우리가 겪고 있는 에너지난을 어떻게든 해결했을 것이라고 기대해볼 수 있다. 영화 「트랜스포머」에서 외계 로봇들이 태양을 연료로 사용하기 위해 지구를 침략하는 것처럼, 그들 외계 문명은 우주에 떠 있는 별에서 에너지를 직접 추출하는 기술을 사용할지도 모른다. 단순히 집 앞에 태양판Solar Panel을 설치해놓는 수준이 아니라 아예 거대한 태양판, 별판을 우주에 올려 별에서 나오는 모든 에너지를 쪽쪽 받아서 쓰고 있을지도 모른다.

공상 과학 작품에서 미래 기술 문명이 에너지 개발을 위해 사용하는 구조물을 다이슨 구Dyson Sphere라고 부른다. 작품에 따라 디테일한 모습은 다르지만 기본적으로 공 모양의 별 표면을 여러 태양판으로 감싸서 에너지를 모아 사용한다는 개념은 동일하다. 기술이 아주 발달한 외계 문명 정도라면 그런 기술이 가능할 수도 있고, 나아가 아주 큰 크기로 만들었을지도 모른다. 아주 거대한 크기의 가림막으로 별을 가려놓았다면 멀리서 관측했을 때 별의 밝기도 상당히 많이 가려질 수 있을 것이다. 별 전체의 4분의 1을 가릴 정도로!

그냥 터무니없는 상상으로 보이는 천문학계 일각에서 언급된 가설은 꽤 진지하게 논의되기도 했다. 외계 문명을 찾기 위해 신호를 기다리고 있는 세티 위원회는 이 가설을 나름 신중하게 검토했다. 그리고 외계인 팬들의 기대에 부응하고자 실제로 케플러 망원경이 포착한 이 '시발 행성'을 향해 안테나를 돌렸다.

그러나 2015년 11월, 아쉽게도 그들은 이 행성에서 외계 문명이 보내는 것으로 고려해볼 만한 인공 전파 신호를 포착하지 못했다. 이번에도 외계인의 존재가 확인되기를 오매불망 기다렸던, 순진무구하고 어린아이 같은 천문학자들은 허탈할 수밖에 없었다.

WTF 행성의 발견에 대해 천문학자들은 또 다시 그 급격한 밝기 변화를 설명할 수 있는 자연 현상을 떠올렸다. 외계인 추종자들을 맥 빠지게 만드는 이번 가설에 따르면, 관측된 별 주변에 떼를 지어 맴도는 혜성 무리가 있고 그 때문에 별빛의 많은 부분이 가려졌다. 우리 태양계도 가장자리 외곽에는 크고 작은 혜성과 그 부스러기 들이 산재해 거대한 철새떼처럼 구름을 이루고 있을 것으로 예측하고 있다.

태양계 끝에 위치한 이 혜성 무리를 오르트 구름Oort Cloud이라고 부른다. 천문학자들의 상상에 따르면, 이번에 케플러 망원경에게 발견된 시발 행성의 정체는 그 별 주변을 우르르 몰려 맴돌고 있는 외계 오르트 구름에 의해 별빛이 갑자기 한꺼번에 많이 가려지는 현상을 목격한 것일 뿐이다.

한편으로는 그럴싸한 추측 같지만, 우리 태양계의 오르트 구름도 지금껏 이론적으로 그 존재를 유추한 것일 뿐, 실제로 존재가 확인된 구조는 아니다. 아직도 외계인의 신호일 것이라고 기대하는 사람들의 편을 조금 거들어보자면, 어찌됐든 다이슨 구나 오르트 구름이나 아직까지 가설이라는 사실은 같다. 외계인 추종자들이여, 아직 희망은 있다.

우리를 들었다 놨다 하는 감마선

여전히 우주에서는 우리를 들었다 놨다 하는 애매한 신호들이 쏟아지고 있다. 2014년 이후부터는 우주 어딘가에서 불현듯 강한 감마선 에너지가 빵! 하고 폭발하는 것이 검출되는 사례들이 속속들이 보고되고 있다. 이를 가리켜 천문학자들은 감마선 폭발 천체(GRB, Gamma-Ray Burst)라고 부른다.

감마선은 여러 종류의 빛 중에서 가장 에너지가 높은 종류다. 이런 강한 에너지가 갑자기 우주의 구석 어딘가에서 폭발하는 경우가 있다. 언제 어디에서 터질 거라는 예고도 없이 갑자기 폭발하기 때문에 미리 망원경 방향을 조준해놓고 폭발 직전부터 천체의 변화 과정을 모니터링할 수도 없다. 항상 폭발한 이후에 겨우 망원경 앵글을 돌려 그 여운만 따라잡을 뿐이다. 항상 천문학자들은 GRB보다 한발 늦을 수밖에 없다. 이런 태생적 한계 때문에 GRB 역시 거대한 은하가 에너지를 방출하고 있다는 식의 이론적 설명이 있을 뿐, 아직 정확한 원리는 파악하지 못한 것이라고 봐도 무방하다. 물론 최신 물리 이론이 바탕에 깔린 훌륭한 이론이지만, 이 현상에도 외계인 추종자들의 실낱같은 희망이 존재한다.

우리에게 우주는 하염없이 어둡고 조용하고 정적인, 늘 변함없는 모습일 것만 같았다. 우주에서 일어나는 대부분의 천문 현상은 모두 서서히 벌어지는 줄만 알았다. 그러나 우리가 하늘을 바라보는 횟수가 늘어나면서, 그 전에는 미처 눈치챌 수 없었던 우주의 촐싹거리는 빠른 주기의 변화도 포착할 수 있게 됐다. 우주는 훨씬 더 역동적이고 시끄러운 세상이다.

어쩌면 이미 50여 년 전부터 발견되기 시작했던 펄사가 실제로 외계 문명이 신호를 내보내는 비콘Beacon일 수도 있다. 그저 에너지를 위아래로 내뿜으며 빠르게 자전하는 중성자별이라는 관측된 현상을 설명할 수 있는 가설이 존재하는 것일 뿐이다. 어쨌든 따져보자면 지금껏 누구도 직접 펄사의 코앞까지 날아가서 인증샷을 찍고 온 것도 아니지 않은가?

2016년에 천문학계를 혼란에 빠트렸던 시발 행성 역시 외계인들의 장난이었을지도 모른다. 짓궂은 외계인들이 어장에 갇혀 괴로워하는 지구인들의 어리둥절한 모습을 보고 낄낄거리고 있는 것은 아닐까. 그런 상상을 하고 있자니, 약이 오른다.

고리타분한 천문학자들은 호들갑을 떠는 언론과 네티즌에게 실망스러운 자연과학적 설명을 내놓지만, 그런 설명을 논문에 남기는 천문학자 본인조차 내심 외계인의 신호였기를 바라고 있다.

반복되는 실망과 좌절에 지칠 때도 있지만, 한편으로는 그런 기대감과 즐거운 상상력이 우리가 우주에 대한 관심을 멈추지 못하게 만드는 원동력이 아닐까. 현실 속 연애보다 상상 속에서 펼쳐지는 연애가 더 달콤한 것처럼, 냉혹한 현실을 버틸 수 있게 만들어주는 달콤한 착각은 가끔씩 필요한 법이니까. 우리는 오늘도 그렇게 밤하늘 아래에서 착각의 늪에 빠져든다.

02

지구의 쓸쓸한 뒷모습

어느 날 바쁜 일정 중에 끼니를 해결하기 위해 학교 학관에서 혼자 짐을 풀고 앉아 밥을 먹고 있었다. 그런데 잠시 후, 친구들이 여럿 모인 채팅방의 알람이 연신 울려댔다. 나의 외로운 등짝을 지나가던 친구가 사진으로 찍었고, 사진 속 나의 모습은 누가 봐도 처량한 솔로였다. 나는 그런 친구들에게 전혀 외롭지 않다며 우기고는 했지만, 그것은 나의 외로움을 받아들이고 싶지 않은 나의 하찮은 정신 승리였을 뿐이었다. 사진 속 나의 뒤통수는 정말 외로워 보였다. 1990년 밸런타인데이에 포착된 지구의 모습만큼이나.

태양계의 가족사진과
칼 세이건

요즘은 비행기를 비롯한 많은 운송 수단의 발전 덕분에 지구 곳곳을 돌아다닐 수 있다. 그래도 여전히 우리가 일생동안 돌아다니기에 지구는 무척 넓은 것 같다. 어릴 적 부르던 동요에서는 계속 한 방향으로 앞으로 걸어가기만 하면 지구를 한 바퀴 돌 수 있다고 무책임하게 어린이들을 부추겼지만, 지구 전역을 돌기 위해서는 아주 많은 시간과 돈이 필요하다. 그래서 '아, 내가 굉장히 넓은 행성에서 살고 있구나!'라는 착각에 빠지기 쉽다. 그러다보면, 역설적이게도 이 우주에서의 외로움을 쉽게 망각한다.

하지만 비행기를 타고 조금만 날아가도 구름 아래 펼쳐진 넓고 둥근 행성의 지평선과 수평선을 볼 수 있다. 인류는 지구라는 작은 바위 덩어리에 달라붙어 사는 따개비인 셈이다.

이처럼 우리 인류는 지구라는 우주를 떠다니는 바위 덩어리에 올라탄 채로 매년 태양 주변을 맴돌고, 또 그 태양이 은하 가운데를 중심으로 맴돌면서 공짜로 우주를 여행하고 있다. 우리 인류는 평생 지구에서만 산다. 마땅히 다른 행성으로 도망갈 여력도 없다. 지구라는 행성에 갇혀 탈출하지 못하는 난민인 셈이다. 그러면 지구는 난민선쯤 되겠다. 하지만 이 현실을 쉽게 망각한다. 아니 애초에 그런 생각을 느껴볼 기회가 많지 않다.

내가 나의 쓸쓸한 뒤통수 사진을 본 것처럼, 우리 인류에게도 고독을 자각할 수 있는 기회가 필요했다. 1990년 2월 14일, 지구를 약 60억 킬로미터 떠나 태양계 공간을 빠르게 날아가던 탐사선 한 대가 앵글을 지구 방향으로 틀었고, 우리의 모습을 찍었다. 그 먼자리에서.

보이저 호 탐사선 발사 계획을 세우던 당시, 마침 태양계 외곽에 위치한 목성, 토성, 천왕성 그리고 해왕성의 위치가 아주 절묘했다. 행성들의 배치를 잘 활용하면 지구에서 날린 작은 탐사선이 행성을 하나씩 스쳐 지나가면서 각 행성의 중력의 힘을 빌리는 플라이 바이Fly-by 항법을 연이어 활용해 태양계 바깥까지 탈출할 수 있는 추진력을 얻을 수 있었다.

때마침 우주가 돕는 이런 기회를 놓칠 수 없었던 천문학자들은 1977년 보이저 1호와 2호를 힘차게 태양계 바깥을 향해 날려 보냈다. 각 탐사선은 예정된 경로를 잘 따라갔고 지금도 둘 모두 태양계 바깥 먼 우주를 향해 하염없이 날아가고 있다. 지구와의 거리가 점점 멀어지면서 관제실과 탐사선이 신호를 주고받는 데 걸리는 시간도 길어지고는 있지만, 아직까지는 양쪽이 교신을 주고받는 중이다. 지금 보이저 호는 태양계 외곽에서 새롭게 쏟아지는 은하계 먼지의 거센 환영 인사를 노이즈로 받고 있다. 아직도 지구는 그 노이즈 속에서 서서히 희미해지는 보이저의 마지막 인사를 엿듣고 있는 셈이다. 지금껏 어느 탐사선도 다가가본 적 없는 태양계 최외곽에 닿은 탐사선은 태양계 탈출을 목전에 두고 성간 인터체인지에 다다랐다. 우리가 받는 소식은 그 먼 곳에서 고향을 향해 전하는 마지막 인사인 셈이다.

보이저 호가 차례대로 행성들을 중간 정거장 삼아 가면서 서서히 속력을 높여 태양계 외곽을 향해 힘차게 날아가다가 해왕성 근처를 지나고 있을 때, 천문학자 칼 세이건은 아주 재미있는 제안을 했다. 보이저 호가 지금보다 더 멀리 날아가버려 제대로 된 조종이 불가능해지기 전에, 보이저 호의 고개를 뒤로 돌려 최초의 태양계 가족사진을 찍어보자는 것이었다.

물론 굉장히 로맨틱하고 멋진 제안이었지만, 당시 수많은 기술진들은 그 제안을 받아들이기 어려웠다. 보이저 호는 고작해야 외부 행성들을 관측하고, 멀리까지 희미한 신호를 가지고 통신하는 기술에만 집중되어 민감한 장비로 설계되어 있었다. 그런 보이저 호가 만약 뒤로 방향을 틀다가 강렬한 태양빛과 맞닿기라도 한다면, 보이저 호의 많은 장비들이 무사할 리 없었다. 하지만 로맨티스트인 칼 세이건은 제안을 거듭했다. 심지어 그는 태양을 피할 수 있는 복잡한 궤도도 계산해냈다. 결국 천문학자들은 태양계 가족사진을 찍는다는 중대한 프로젝트를 실행에 옮겼고, 그 결과는 성공적이었다.

태양에 너무 가까워 태양빛에 파묻혀버린 수성과 카메라에 반사된 태양빛에 의해 제대로 된 촬영을 할 수 없었던 화성을 제외하고 금성, 지구, 목성, 토성, 천왕성, 해왕성 총 6개 행성의 모습을 담을 수 있었다. 물론 태양계만 해도 그 사이즈가 아주 크기 때문에 태양계를 미처 탈출하지도 않은 상황에서 이들을 한꺼번에 한 화각에 담지는 못했다. 이 가족사진은 부분부분 사진을 찍은 뒤 길게 이어 붙여 완성됐다. 세계에서 가장 기다란 가족사진이다. 처음 찍는 가족사진이어서 그런지 좀 어색한 부분이 있지만 이 정도면 꽤 훌륭했다. 보이저 호가 망가지지 않고 무사한 것만 해도 어디인가.

여기 자랑스럽게 태양계의 가족 구성원으로 이름을 함께 올린 지구. 당시 태양계를 탈출해가는 과정에서 본 보이저 호의 고향 지구의 모습은 너무 작고 외로웠다. 다른 5개의 행성과 별반 다를 게 없었다. 노이즈로 지글지글한 사진에 어쩌다 잘못 묻은 얼룩처럼 보일 만큼 전혀 특별할 게 없었다. 그저 작은 점. 우주 어던가 떠다니는 작은 점. 그뿐이었다. 칼 세이건은 그 모습을 보고, 지구를 '창백한 푸른 점A Pale Blue Dot'이라고 불렀다.

전 세계 인류는 크게 두 가지로 나뉜다. 당시 이 태양계 가족사진에 함께 찍힌 인류와 그렇지 못한 인류. 우리 부모님은 이 사진 속 흐릿한 점 안에 태양계를 이루는 일원으로 모습을 남겼다. 물론 알아볼 수는 없다. 아쉽게도 나는 이 사진이 찍히고 난 다음에 태어났다. 서로 애정 표현을 열심히 하지 않는 편인 나의 가족은 아직도 가족사진을 찍어본 적이 없는데, 불과 몇 년 차이로 보이저 호로도 우리의 가족을 한 화면에 담지 못한 것이 참 아쉽다.

거울을 비춰줬을 때, 그 거울 속의 대상을 자신으로 연결지어 생각하는 일은 고등 생물만 가능하다고 한다. 인간도 유아는 거울 속에 비친 자신의 모습을 제대로 인지하지 못한다고 알려져 있다. 거울 속 움직이는 상이 바로 자기 자신이라는 것을 알게 되면서, 유아의 인지 능력도 함께 성장한다고 알려져 있다. 이처럼 거울 속에서 자신을 알아볼 수 있다는 것은 그가 꽤 충분한 지성을 갖춘 성숙한 개체라는 것을 증명한다.

우리는 이제 단순히 유리 거울에 얼굴을 비춰보는 수준을 넘어섰다. 지구 바깥, 태양계 멀리 탐사선을 보내고 그 탐사선의 광학계를 통해 우리가 살고 있는 행성을 통째로 비춰볼 수 있는 존재가 됐다. 탐사선의 작은 렌즈에 담긴 우리의 고향은 너무나 외로웠고, 너무나 작았다. 그리고 우리는 그 안에서 평생을 살고 있다.

당시 처음으로 비춰본 우리의 행성, 지구의 모습은 우리에게 많은 메시지를 던져줬다. 과연 우리가 우주의 주인공인지, 우리가 정말 우주를 점유하고 정복하고 있는지. 아니 애초에 정말로 이 넓은 우주가 우리를 위해 존재하고 있는 것인지. 덧붙여, 우리가 얼마나 외로운 존재인지를 다시금 일깨워줬다.

이렇게 보이저 호가 약 60억 킬로미터에서 앵글을 지구 방향으로 돌린 그 순간, 우리는 우주론적으로 성찰할 수 있는 존재가 됐다. 보이저 호는 인류가 가장 멀리 날려 보낸 탐사선인 동시에, 가장 멀리 가져다놓은 손거울이었다. 눈에 보이지는 않지만, 지금도 보이저 호와 지구 사이에는 아주 기다랗고 투명한 셀카봉이 연결되어 있는 듯하다. 물론 그 셀카봉의 길이는 보이저 호의 속도만큼 빠르게 계속 늘어나고 있다.

하지만 아쉽게도 고개를 돌려 다시 우리 지구를 촬영할 계획은 없다. 설령 굳이 고개를 돌릴 수 있다고 하더라도, 지구가 보이기나 할까. 이제 보이저 호는 고향의 모습을 볼 수 없을 정도로 멀리 있다. 그저 희미하게 주고받는 교신 전파를 통해 서로의 안부를 확인할 뿐이다.

외계인에게 보내는 첫 번째 상자

최초로 태양계 탈출이라는 막중한 임무를 안고 날아간 보이저 호에게는 특별한 장식이 하나 달려 있다. 아래 쪽 몸통에 있는 금으로 코팅된 레코드판이다. 이 레코드판에는 여러 나라의 언어로 인사말이 담겨 있다. 우리나라의 '안녕하세요'도 들어 있다. 여러 문화권의 전통 음악도 있고, 서양사를 대표하는 명곡인 모차르트의 「마술피리」와 베토벤의 「제5번 교향곡」 등도 있다. 이 모든 메시지는 보이저 호가 태양계를 탈출해 외계 문명권에 들어갔을 때를 위한 것이다. 우연히 그곳에 살고 있는 고등 문명에 의해 이 미확인 비행 물체가 발견됐을 때, 그들에게 전해 줄 우리 인류의 첫 인사다. 정말로 발견된다면, 그들의 입장에서는 이 보이저 호가 외계(지구)에서 날아온 미확인 비행 물체, UFO가 아니겠는가.

레코드판의 뒷면에는 이 메시지를 보낸 우리에 대한 자세하고 친절한 자기소개가 쓰여 있다. 물론 외계인이 영어를 쓸 일은 없기 때문에, 그나마 우주에서 가장 보편적인 언어라고 예상되는 수학과 과학으로 기술되어 있다. 우주에서 가장 흔한 원소가 바로 양성자 하나와 전자 하나면 대충 만들 수 있는 수소다. 만약 외계인 중에도 우주를 연구하는 직업이 있다면, 그들의 언어로 뭐라고 부를지는 모르겠지만, 우주에 가장 많이 있는 원소로 무언가가 있다는 것을 알고 있을 것이다. 그래서 당시 인류는 서로의 지적 능력을 확인하는 첫 번째 단락으로 수소 원소에 대한 내용을 담았다.

그 다음으로, 레코드판을 처음 접했을지도 모르는 외계 문명을 위해 어떤 방식으로 음악을 들을 수 있는지에 대한 사용 방법을 그림으로 잘 설명해놓았다. 이것만 보고 제대로 해독할 수 있을지 의문이지만, 어느 정도 지능을 가진 외계 지성체의 손에 보이저 호가 포획된다면 외계 과학자들끼리 토의를 거쳐 제대로 된 사용법을 터득할 수도 있지 않을까. 메시지를 잘못 해석해서 보이저 호를 산산히 분해하지 않기를. 부디 우리가 우호적인 외계 문명임을 알아주기만을 바랄 뿐이다.

마지막으로 우리가 어디에 살고 있는지 알려주기 위해 지구의 약도를 대강 그려놓았다. 우주 끝자락에는 아주 강한 에너지를 내뿜고 있는 초 고에너지 은하핵의 일종인 퀘이사[Quasar]라는 것들이 있는데, 이들은 일정한 주기로 에너지를 내뿜고 있기 때문에 우주에서 길잡이를 하는 등대로 써먹을 수 있다. 그 점에서 착안하여, 당시 지구의 과학자들은 지구에서 발견된 가장 밝은 퀘이사들을 기준으로 우리 태양계가 어디에 있는지를 표현했다.

나름대로 많은 노력과 아이디어가 반영된 작품이지만, 21세기의 인류가 보기에도 이게 과연 우리를 대표하는 것인가, 하는 의문이 드는 부분이 있다.

만약 인류가 멸망하고 나서 우리의 후손들이 이 레코드판을 발견한다 하더라도, 우리에 대해 아무것도 알 수 없을 것 같다. 그래도 이 황금 레코드판은 우리가 지금껏 우주로 날려 보낸 실질적인 물건이라는 점에서 의미가 크다. 외계 문명을 찾겠다고 허공에 전파를 쏘거나 희미한 별빛을 관측하는 방법은 계속 진행되어 오고 있다. 그러나 이런 저돌적이고 터프한 방식은 지금껏 진행된 적이 거의 전무하다. 그 효율성의 측면에서 비난하는 사람들도 있지만 얼마나 용기 있는가. 먼저 그냥 툭 던져보는 것이다. 누가 줍든지 말든지.

어디에 도착할 것인지, 누구를 위해 쓴 것인지. 그 무엇도 정해지지 않았다. 그냥 무작정 우주 공간에 날아간 우리 인류의 유일한 메시지다. 우리가 메시지를 보냈다는 것 말고는 모든 것이 무작위한, 랜덤 채팅 같다.

보이저 호에 실어서 보낸 황금 레코드판은 임의의 대상에게 고이 접어 보내는 러브 레터다. 이 러브 레터는 굉장히 오묘하다. 우리 인류가 여기 외롭게 살고 있다는 것을 보여줘야 한다. 그리고 동시에 우리도 나름 꽤 멋진 문명을 가졌다는 것도 알려야 한다. 우주의 어느 구석에 외롭게 콕 박혀 있는지를 보여주는 동시에, 우리 인류가 얼마나 풍요로운 지구에서 성숙한 문명을 이뤘는지를 어필하고자 했다.

이런 방식으로 짝을 구하는 것은 굉장히 무모한 방법이다. 짧은 몇 마디를 나누고 서로에 대해 호감을 가질 수 있을까? 나는 이런 방식의 만남에 대해서는 굉장히 보수적이고 부정적이다. 내가 보기에는 보이저 호의 무모한 도전도 마찬가지다. 아름답게 포장할 수는 있지만, 무모하다는 사실은 변하지 않는다. 사람의 경우, 채팅 어플 속 익명의 상대들에게 뻐꾸기를 하루에도 여러 번 날려서 어쩌다 운 좋게 성공할 수 있겠지만, 인류의 탐사선은 10여 년에 한 번, 행성들의 자리 배치 운도 잘 따라줄 때에만 겨우 날려볼 수 있다. 보이저 호 이 자식, 파이팅!

쌍둥이 보이저 호 두 대와 별개로, 외계 문명에게 보낼 인류의 메시지를 품고 태양계를 벗어나고 있는 탐사선이 하나 더 있다. 1972년 목성 곁을 스쳐지나 소행성대를 벗어난 후, 꾸준히 태양계 끝자락을 향해 날아가고 있는 파이어니어 10호다.

이 탐사선에 붙어 있는 동판에는 보이저 호에 비해 조금은 더 직접적이고 이해하기 쉬운 메시지가 담겨 있다. 우선 남녀의 적나라한 나체가 한 컷씩 그려져 있다. 인류 역사상 가장 멀리까지 날아간 야사, 아니 춘화인 셈이다. 물론 둘은 아무 짓도 안 하고 있다. 그저 옷만 걸치지 않은 채로 외계인들에게 반갑다는 듯이 손을 들어 인사를 건네는 모습이다.

우리 지구를 침공할 정도의 최첨단 기술을 발전시킨 외계인들이 나오는 영화를 보면, 공교롭게도 우주선에서 내린 그들은 대부분 옷을 입고 있지 않았다. 그렇게 기술이 발달하는 동안 패션계의 발전이 엄청 더뎠던 걸까? 아니면 옷을 입지 않아도 보온과 보냉이 되는 기술이 발달한 것일까? 항상 외계인은 나체다. 그래서일까, 외계인들에게 처음으로 인사를 건네는 인류도 옷을 입고 있지 않다. 혹여나 외계인이 동판에 그려진 것처럼 지구인의 수컷은 역삼각형 몸매에, 암컷은 다 B컵 이상의 가슴을 가지고 있다고 착각하지 않을까 염려된다.

만약 나중에 지구에 찾아오거든, 파이어니어 호의 동판 디자인을 맡았던 프랭크 드레이크Frank Drake, 1930년~ 그리고 린다 S. 세이건Linda S. Sagan, 1940년~을 대신해 유감의 뜻을 전한다.

태양계를 벗어난 보이저 호

2014년을 넘어가면서 1977년에 지구를 떠났던 보이저 호가 태양계의 영향권을 비로소 벗어나기 시작했다는 데이터가 도착하기 시작했다. 태양계 외곽의 행성들이 힘을 모아 탐사선을 멀리멀리 날려준 덕분에 인류의 탐사선이 태양의 영향을 벗어났다. 40여 년이 지나서야 별과 별 사이의 공간으로 진입하게 된 것이다. 탐사선에 탑재된 일종의 나침반과 같은 장비를 이용해, 태양의 영향권에서 얼마나 멀리 벗어나 있는지를 간접적으로 확인할 수 있다.

그런데 2014년 말에서 다음 해 초에 태양에서 강하게 불어오는 엔저의 흐름, 태양풍의 흐름을 벗어났다. 그와 함께 태양을 비롯한 별과 별 사이 은하의 공허한 공간에 분포하는 은하 전체의 자기장 방향을 따라 나침반의 방향이 재정렬되기 시작했다. 이제 정말 보이저 호는 더 이상 태양계의 멤버가 아니다. 태양계를 갓 탈출하기 시작한 첫 번째 탈옥수가 됐다. 보이저 호로 지구를 비롯한 태양계 멤버들의 모습을 돌아본 것처럼, 보이저 호가 태양계의 지배를 갓 벗어나기 시작한 장면을 보다 더 멀찍이 떨어져 지켜본다면 어떨까? 그것은 또 얼마나 감동적일까? 보이저 호가 날아가는 방향을 바라보며 이런 응원을 해본다. 은하계에서 빗발치듯 쏟아질 방사선과 고에너지 입자들의 공격으로부터 무사히 버티기를. 꼭 우리와 같은 외계 문명에게 메시지를 잘 전달해주기를.

우리는 일평생을 지구라는 요람에서 태어나 지구라는 무덤에 묻힌다. 살면서 잠깐 돈을 많이 벌어 우주 관광을 한다고 하더라도 결국 이 지구라는 바위 덩어리를 벗어날 수 없다. 지구의 중력은 우리가 고향으로부터 벗어나는 것을 쉽게 허락하지 않으며, 엄청난 양의 연료와 에너지를 강요한다. 직접 우주 공간으로 나아가 우리의 존재를 알리고, 우리의 매력을 우주 곳곳에 알리고 싶지만 그럴 수가 없다. 선천적으로 우리는 우주 문명사회에서 소극적일 수밖에 없다. 그렇기 때문에 그동안 만들어진 많은 영화와 소설에서 우리는 항상 외계인들에게 발견당하는 존재였고, 따라서 공격당하는 피발견자의 입장이었다.

지금 인류는 조금씩 외향적으로 바뀌려고 노력하고 있다. 스스로 자신의 존재를 알리는 것이다. 싱글에서 탈출해보겠다고 처음으로 결심한 모태솔로처럼 우주 곳곳에 추파를 보내는 것이다. 물론 아직 그 방식은 우주 문명 전체의 입장에서 보면 한참 구닥다리일 것이다. 그러나 우리가 40여 년 전 태양계 바깥으로 날려 보낸 보이저 호의 레코드판은 큰 풍화나 침식이 일어나지 않는 한 우주 공간을 계속 돌아다니게 될 것이다. 설령 우리가 어떤 이유에서든 우주에서 사라지고 멸망하게 될지라도, 이 우주에서 인류 문명 자체가 사라지더라도, 보이저 호는 그 사실도 눈치채지 못할 것이다. 여태 그래왔던 것처럼 응답하지 못할 관제실에 계속 메시지를 보내며 열심히 우주 공간을 헤엄칠 것이다.

그렇기에 보이저 호에 실린 레코드판은 단순히 우리 인류가 어딘가 살고 있을지 모르는 외계 문명에게 던지는 무모한 추파 그 이상의 가치를 갖고 있다. 그 레코드판의 기록은 비록 우주선을 발사했던 1977년대에 멈춰 있지만, 우주가 끝날 때까지 영원히 재생될 인류의 유산이다. 우리가 다시 '무작위로 태양계 바깥에 추파 보내기' 프로젝트를 진행하지 않는 한, 우주가 기억할 인류의 모습은 영원히 1977년대의 버전으로 남게 될지도 모른다.

보이저 호를 보내고 나서 우리는 더 멋있어졌다. 그리고 더 세련된 시절을 한창 잘 보내고 있는 듯하다. 그때에는 존재하지 않았던 문화가 꽃을 피웠다. 보이저 호를 발사했던 당시와 지금 사이에 가장 큰 차이가 있다면 이것이다. 보이저 호가 찍어준 우리 행성 지구의 원거리 셀카를 보며 느낀 점이 많아졌다는 것.

21세기를 살아가는 우리는 모두 포스트-보이저Post-Voyager 세대다. 그동안 우리는 보이저 호와 함께 성장했다. 이제는 어떤 방식으로 메시지를 써야 할지 조금은 더 잘 알 것도 같다. 처음 랜덤 채팅을 접했을 때 그저 나의 장점만 부각시키느라 허세를 부리는 데 여념이 없었다면, 이제는 내가 원하는 짝에 대해 생각해본다. 어떤 사람을 좋아할 수 있는지. 그리고 앞으로 어떤 데이트를 이어갈 수 있는지를 어필한다.

어릴 적에 만든 앳되고 어리숙한 프로필을 업데이트할 시간이다. 그간 더 성숙하고 멋있게 변한 나의 모습에 자신감을 갖고 용기를 내어 프로필을 바꿔보자. 일목요연하게 잘 정리된 러브 레터를 다시 허공으로 날려 보내자. 더 세련된 프로필이라면 머지않아 태양계 너머 어딘가에서 사랑의 답장이 날아올지도 모른다. 당당하게 부러운 시선을 즐길 날이 머지않았다.

03

천문학자에게 '읽씹'은 일상

요즘은 내가 보낸 메시지를 확인하고 답장이 오기까지 얼마나 시간이 지체되는지가 상대방이 나에게 갖는 호감도를 나타내는 지표로 활용되곤 한다.

이런 현실에서 가장 최악의 매너는 상대방의 톡을 읽고도 답을 하지 않는, 읽고 씹는 행위. 바로 '읽씹'이다.

갑자기 가슴이 아리다. 지구가 우주에서 읽씹 당하고 있기 때문이다.

와우 신호 사건

우리는 오래전부터 막연하게 태양계 바깥 이 넓은 우주 어딘가에는 우리를 닮은 또 다른 외계 생명체, 외계 문명이 있지 않을까 하는 기대를 해왔다. 점차 영화, 드라마를 통해 외계인에 대한 이미지가 구체화됐다. 그리고 이제는 너무 익숙해져서 그 아이디어는 진부해질 정도가 됐다.

하지만 아쉽게도 그들이 존재하는지의 여부는 과학적으로 검증된 적이 없다. 단순히 외계 벌레, 미생물 같은 생명체 수준이 아니라 정말 우리처럼 꽤 수준 높은 기술을 갖고 있는 별도의 외계 문명의 존재를 직접 확인할 수는 없을까?

칼 세이건은 광활한 밤하늘을 바라보며, 이 넓은 우주에 존재하는 문명이 우리뿐이라면 그것은 공간의 낭비라고 생각했다. 정말 이 넓은 우주에 살아 숨쉬며, 밤하늘을 공부하는 지적 생명체는 지구에 살고 있는 우리뿐일까? 무한의 우주 공간 어딘가에는 우리와 비슷한 또 다른 생명체들이 아둥바둥 살고 있을 법도 하다.

주로 공상 과학 영화에 나와 지구를 침략하는 거대 파충류가 외계인의 모습을 도맡는다. 그것이 익숙하다보니, 외계 생명체를 과학적이지 않은 이슈로 생각하는 경우가 많다. 하지만 의외로

많은 과학자가 외계 생명체에 대한 진지한 고민을 하며 그 가능성이 아주 높을 것으로 기대하고 있다. 그런 희망의 가장 큰 근거는, 우주가 아주 거대하다는 사실에 있다.

그들을 발견하기 위해서는 그들이 우리 지구를 향해 보낸 인공 신호를 포착해야 한다. 지구로 보내기 위해 의도했든 어쩌다 우연히 도착했든, 지구 주변의 인공위성이나 먼 우주의 자연 신호가 아닌 것. 인간이 만든 것이 아닌 처음 보는 종류의 인공 신호가 포착된다면 세상이 뒤집힐 만큼 충격적인 소식이 될 것이라 확신하다. 외계 문명이 존재한다는 아주 명확한 증거가 되기 때문이다.

하지만 우리가 잘 알고 있듯이, 아직 우리가 확인한 외계 문명의 신호는 없다. 그저 비싼 시계로 전락해버린 누군가의 고요한 스마트폰처럼 지구에 아무런 연락도 오지 않는다.

인류는 최근 100여 년 전부터 본격적인 전파 통신을 시작하면서, 지구 주변의 우주 공간으로 우리의 존재를 의도치 않게 드러내기 시작했다. 지구 전역에 설치된 접시 안테나와 지구 주변을 맴도는 인공위성들이 주고받는 온갖 인공 신호 전파들은 빛의 속도로 지구 바깥 우주 공간으로 퍼져나가며, 희미하게나마 우리의 존재를 우주의 또 다른 존재들에게 알리고 있다. 지금까지 지구에서 꾸준히 100여 년 동안 빛의 속도로 전파를 쏘아댔으니, 지구로부터 최소한 100광년 이내에 이런 전파 신호를 포착할 능력이 있는 외계 문명이 존재한다면야 그들은 우리의 존재를 알아챌 수 있을 것이다. 길게 잡아 100여 년간 우리 지구는 주변의 우주 공간으로 우리의 인공 신호를 내뿜었다. 하지만 애석하게도 이런 지구인들의 끈질긴 구애 활동에도 불구하고, 아직 그 어떤 외계 문명도 우리 지구에게 관심을 주지 않는 것 같다. 사방에서 칙칙한 잡음만 날아오는 고요한 우주를 바라보며, 일부 학자들은 어쩌면 정말로 우주에 우리만 존재하는 것은 아닐까 걱정하기 시작했다. 그들이 정말 우주에 즐비하다면 왜 우리는 아직도 그들의 신호를 들어본 적이 없는 것일까.

만약 우주에 외계 문명이 가득하지만, 그들이 오랫동안 번영할 수 없다면 그들의 신호를 잡아낼 수 있는 기회도 적을 것이다. 외계를 향해 전파를 내보낼 정도라면, 최소한 우리 이상의 지식과 기술을 확보한 아주 발달된 문명이어야 한다. 그런 기술의 과잉 발달은 도리어 외계 문명을 멸망의 길로 인도할지도 모른다. 마치 영화 「터미네이터」나 「아이, 로봇」처럼 스스로 행동하는 인공지능 로봇들의 반란으로 문명이 파괴되거나, 핵전쟁과 같은 기술 경쟁이 극에 다다르면서 스스로 자멸할 운명이라면 어떨까. 그렇다면 그들은 충분히 오랫동안 자신의 신호를 외계로 뿜낼 수 없게 되고, 곧 머지않아 그들의 세계가 파괴되며, 결국 우리가 그들의 신호를 눈치채기도 전에 우주에서 먼지가 되어 사라질 것이다.

1977년 8월 여름, 외계인 신호 찾기 프로젝트가 시작된 지 얼마 지나지 않아 아주 흥미로운 신호를 포착한 적이 있다. 궁수자리 방향을 향하고 있던 거대 접시 안테나에서 갑자기 아주 강한 신호가 짧은 순간에 포착된 것이다. 하늘에서 자연스럽게 잡히는 잡음은 절대 아니었다. 그 주변 하늘 어디에도 그런 신호를 낼 만한 인공위성이나 천체는 알려지지 않았다. 드디어 외계 문명의 신호를 포착한 것인가! 당시 관측을 담당했던 천문학자 제리 R. 에만Jerry R. Ehman도 오죽했으면 흥분해서, 데이터 문서에 "Wow!"라고 써넣을 정도였다. 이후에 그쪽 방향을 향해 전파 신호를 찾으려고 노력했지만 더 이상의 응답은 받을 수 없었다.

이 와우 신호Wow Signal에 대해 재밌는 상상을 덧붙여보자. 어쩌면 이 신호는 종족 간 전쟁의 최후의 순간, 자기 고향 행성이 파괴되기 직전 외계로 SOS를 보낸 불쌍한 외계 문명의 유언이 담긴 메시지일지도 모른다. 우리가 정말 우연히 그들의 마지막 발악을 포착했지만, 그와 동시에 그들은 사라졌고 다시는 신호를 잡을 수 없게 된 것인지도 모른다.

이처럼 별과 별 사이를 여행하고 외계 문명과 교신하기 위해서는 고도로 발달한 문명이어야 한다. 그리고 그것은 곧 머지 않아 그 문명 자체가 사라지는 것을 의미할 수 있다. 따라서 확률적으로 우리 인류가 그들의 신호를 포착할 여유는 많지가 않다.

안타깝지만 될 놈은 되고 안 될 놈은 안 되는 게 우주의 숙명이라면, 그것을 받아들이는 수밖에 달리 방도가 없다. 때로는 빠른 포기도 인생에 도움이 된다.

수줍은 외계 문명,
소심한 우주

우주가 외계 문명으로 가득하더라도, 자기 행성 바깥으로 신호를 보내는 문명이 없다면 말짱 도로묵이다. 물론 우리도 외계를 향해 전파를 내보낸 적은 있지만, 대부분 단발적인 기념 이벤트로 진행됐을 뿐이다.

외계에서 전파를 수신하는 것은 하늘 전역을 둘러보며 차근차근 접시 안테나에 잡히는 잡음을 분석하면 되는 일이지만, 반대로 우리가 전파를 내보내는 일은 훨씬 까다롭다. 우리가 어느 쪽을 향해 전파를 쏠 것인지, 외계인이 이해할 수 있으려면 어떤 내용을 보내야 하는지 쉽게 판단할 수 없기 때문이다. 그리고 다른 외계인 천문학자들 역시 우리와 비슷한 고민을 하고 있을 것이다.

결국 우리은하는 자기의 고향 바깥으로 전파를 보낼 줄 모르는 안테나로 가득할지 모른다. 모두 다른 문명이 먼저 자신에게 연락해오기를 바랄 뿐, 적극적으로 나서지 못한다면 어떨까. 외계 문명으로 가득한 우리 은하수는 어느 누구도 먼저 나서지 않는 눈치 싸움으로 아주 고요하다. 그리고 그 침묵에 우리는 귀를 기울이고 있다.

만약 이 가설이 사실이라면, 외계인이 발견되길 바라는 사람에게는 정말 답답할 노릇이다. 나름 지적 문명이라는 것들이 이렇게 소극적이라면, 우리 우주는 쉽게 자신의 진짜 비밀을 들려주지는 않을 것이다. 하지만 우리로서 당장 다른 방도가 없는 것도 사실이다. 최근에서야 발견되고 있는, 지구를 닮은 외계 행성을 조준해 우리의 신호를 쏘기 시작했지만, 우리의 목소리가 그 외계 행성에 도달하는 데만 몇 백 년 이상이 걸릴 것이다.

이렇게 외계 신호를 포착하는 것이 어려운 것은, 어쩌면 그 전제 조건 자체가 잘못됐기 때문일 수도 있다. 우리가 주목하는 것은 일반적인 별이나 은하의 자연 현상에 의해 일어나는 것과는 다른 양상을 보이는 인공적 신호다.

하지만 이 인공Artificial이라는 정의는 인간 중심적이다. 외계인들이 사용하는 그들 나름의 인공 신호 역시 우리가 사용하는 컴퓨터, 휴대전화 등 전자 기기들이 주고받는 형태와 비슷할 것이라고 가정한 것이다.

만약 그들이 전혀 다른 방식으로 전화를 주고받고, SNS를 한다면 어떨까? 애초에 외계 문명과 우리가 발전시킨 수학 자체가 전혀 달랐다면, 그래서 자연을 이해하는 언어의 문법이 다르다면? 우리는 전혀 잘못된 방향으로 가고 있는 셈이다.

외계 신호를 잡지 못하는 데 대한 여러 학자들의 핑계 중 이 이론은 꽤 각광받고 있다. 우리가 모르는 또 다른 방식의 수학이 존재한다는 점이 과학 전공자들에게 큰 흥미를 안겨준 덕분인 것 같다.

하지만 이 가설이 갖고 있는 중요한 의미는 따로 있다. 이미 우리는 비교적 독특한 형태의 '자연 전파'를 많이 알고 있다. 다른 일반적인 은하에 비해 더 발광하며 강렬한 전파를 주기적으로 내보내거나, 규칙적으로 똑같은 전파 신호를 반복해서 내보내는 별들이 있다. 아니 그런 현상에 대해 이런 독특한 은하나 별이라는 설명을 하고 있다.

어쩌면 우리가 자연 현상이라고 이해했던 이런 전파들이 사실은 외계인들 나름의 수학에 근거한 인공 신호일지도 모른다. 우린 이미 오래전부터 그들의 신호를 포착했지만, 엉터리 번역을 해온 것일지도 모른다.

가끔 주변에서 연애에 유독 둔감한 사람들을 본다. 겉으로 볼 때 허우대가 꽤 멀쩡하다보니 주변에서 관심을 갖고 작업을 시도하는 경우가 있는데, 문제는 본인이 그것을 눈치를 채지 못한다는 점이다. 가까운 친구로서 더 답답한 것은, 그래놓고 매일 자신이 솔로인 것을 슬퍼한다. 이것도 일종의 사랑의 신호를 엉터리로 번역하면서 발생한 소통의 부재가 아닐까.

인류에게 필요한 것은 인내심

외계인이 우주에 얼마나 많은지, 그들이 얼마나 똑똑한지는 중요한 문제가 아니다. 그들이 우리 인류에게 얼마나 적극적이며, 소통의 의지를 갖고 있는지, 얼마나 눈치가 빠른지가 중요하다. 그것이 우리가 그들과 소통하기 위해 고민해야 할 문제다. 굳이 외계로 눈을 돌리지 않아도, 이미 지구상에서 벌어지는 수많은 썸남, 썸녀 사이의 오해와 고통은 비일비재하다. 서로의 감정을 이해하려는 노력은 점차 없어지고 있고, 모든 상황 개선을 상대방에게 맡긴 채 저절로 아름다운 사랑의 결실이 맺어지기를 기다린다. 그저 상대방과 주고받는 메시지를 온종일 기다리며, 혼자서 온갖 공상 과학 시나리오를 상상하는 것과 같다.

이 드넓은 우주 공간에서 외계 문명의 존재에 대한 낙천적인 기대를 조심스럽게 만드는 의문이 하나 있다. '그럼 대체 그 많은 외계 문명의 신호는 어디 있어?' 이 질문에는 다양한 핑계가 존재한다. 그중에서 내가 개인적으로 가장 좋아하는 것은, 가장 긍정적이고 미래가 밝은 선구자 이론이다.

빅뱅 이후 태양과 지구가 만들어졌다. 그 지구 위에 인류가 태어나 지금과 같은 수준의 문명이 발전하기까지 우주는 약 130억 년이라는 시간이 걸렸다. 다시 말해서 지구인은 130억 년이라는 공정 과정을 거쳐 제작된 우주의 최신 상품이다. 그렇다면 다른 외계 문명이라고 굳이 다를 필요가 있을까? 그들도 우리와 비슷한 수준까지 발전한 문명으로 성장하기 위해서는 우주의 130억 년이라는 기나긴 시간이 필요할지 모른다. 즉, 그들이라고 우리보다 1억 년, 10억 년 먼저 앞서 있을 이유는 없다는 것이다.

이렇게 나름 괜찮은 수준으로 문명을 발전시키려면, 직립보행을 하고 음식을 신체의 위쪽에서 삼켜 아래로 배설하는 신체 조건을 필요로 할 수 있다. 그렇다면 당연히 우주에 존재하는 모든 외계인은 정말로 겉으로 봤을 때 우리랑 별반 다르지 않을 수 있다.

그리고 그들과 우리 모두 우주에 이제서야 나타난, 그나마 가장 똑똑한 수준으로 발달한 문명 중 일부일지 모른다. 아직 우리가 할 수 없다면, 그들도 마찬가지. 우리가 몇 백만 년, 몇 천만 년 더 발전해서 성간 여행이 자유로워지고 외계 문명과의 교신이 가능한 세대가 되어야만, 그 시간 동안 외계 문명도 더 많은 발전을 통해 우리와 비슷한 수준의 문명이 될 수 있을 것이다. 이 상상에 따르면 벌써 외계 문명의 신호를 잡는 것에 대해 부정적으로 단정 짓는 것은 어려운 일이다. 희망을 갖자. 우리가 교신을 시도하고 더 넓은 우주에 뛰어들게 된다면, 그때쯤 되어야 그들도 우리를 찾고 우리에게 한층 더 가까이 다가올 수 있을 것이다.

사랑에서도 자신감을 갖고 조금만 더 인내를 해보는 것도 꽤 괜찮은 답안이 될 수 있지 않을까. 지금 당장 내 곁에 아무도 없다고 낙담할 필요는 없다. 한 사람이 자기 최선의 신체적 조건과 매력을 갖추기까지 20여 년의 시간이 걸린다. 그리고 그 시간 동안 또 다른 존재들 역시 별개의 인격체로 성장했을 것이다. 조금만 더 기다리자. 그 사람이 당신의 주변에 나타나, 서로의 존재를 눈치채고 호감을 갖게 될 날이 얼마 남지 않았을 수 있다. 그리고 그렇게 생각하는 편이 당신의 정신 건강에도 더 좋을 것이다.

수십 년 째 우리 행성은 여러 전파 잡음으로 우주 공간에 추파를 보내고 있지만, 아직 그에 대한 긍정적인 답신은 온 적이 없다.

겉으로 무심한 척을 하지만 이렇게 오랜 세월 무응답에 시달렸다. 덕분에 이런 방식으로 외계 문명의 존재를 확인하는 것에 대해 회의적인 천문학자도 많다. 외계 문명이나 생명체 자체의 존재를 부정하는 것은 아니지만, 최소한 이런 방식으로는 지구의 외로움을 해소하기에는 역부족이지 않을까 염려하는 것이다.

하지만 포기를 하기에 앞서 객관적으로 다시 우리 지구를 돌아볼 필요가 있다. 우리는 정말 제대로 우리의 매력을 외계로 송신한 적이 있는지, 그리고 우리가 정말 충분히 오랜 시간동안 기다렸다고 단정할 수 있는지. 물론 그들의 신호가 언제쯤 지구에서 포착될지는 알 수 없다.

보다 더 넓은 우주를 탐사하고, 더 많은 세상을 만나고, 조금만 더 오래 기다릴 수 있는 인내심을 갖기를 바란다. 머지않아 답장이 왔다는 알람이 울리는 날을 맞이할 수 있을 것이다.

04

볼품없는 화성을 매력적으로 보이게 하는 과거

외로움에 떠는 친구에게 이렇게 물어볼 때가 있다. "걔는 너랑 영 아니야?" 그럼 친구는 이렇게 대답한다. "무슨 말도 안 되는 소리를……."

그러던 어느 날 불현듯, 상대방에게 숨겨져 있던 매력을 깨우치는 순간이 온다. 그 뒤로 자꾸 신경이 쓰이고, 그 친구에 대한 자신의 감정을 수긍할 수 없다.

우리 인류에게 화성이 그런 대상이 아닐까. 진부한 동시에 신비로운 세계. 드디어 알듯 모를 듯한 화성이 자신의 숨은 매력을 들춰보이기 시작했다.

외계인의 고향이 된 화성

1960년대에 인류가 드디어 꿈만 같던 유인 달 탐사의 역사를 시작했다. 그러면서 달에는 토끼가 살지 않고, 그저 희뿌연 흙먼지로 뒤덮인 재미없는 곳이란 사실이 밝혀졌다. 덕분에 인류가 달 착륙에 가졌던 관심은 빠르게 사그라들었다. 구소련의 첫 인공위성 발사 때만 해도 자기네 앞마당으로 소련의 스푸트니크Sputnik 호가 추락하는 것은 아닌지 주시하던 사람들은, 이제 암스트롱 이후 아폴로 미션의 우주인들이 달에 여러 번을 착륙해도 별 관심이 없다. 천문학 분야의 핫이슈에 대한 역치가 지나치게 높아졌다.

그러면서 사람들의 관심은 이제 그 다음 목표인 화성으로 쏠리기 시작했다. 화성은 오래전부터 많은 천문학자들의 상상력을 자극하는 아주 매력적인 세계였다. 우선 화성은 멀고도 가깝다. 화성은 지구 주변을 맴도는 달을 제외하고 가장 가까운 외부 천체다. 달처럼 로켓을 타고 사람이 다녀오기에는 먼 거리에 떨어져 있지만, 그래도 아주 멀지는 않아서 지상 망원경으로도 충분히 화성의 자세한 모습을 살펴볼 수 있다.

이탈리아 천문학자 조반니 V. 스키아파렐리Giovanni V. Schiaparelli, 1835~1910년는 망원경으로 화성을 바라본 결과를 자신의 논문에서 화성의 표면에 물이 흐른 듯한 흔적이 있다고 처음으로 담았다. 원래 그는 물이 흐르며 자연적으로 생긴 물길을 뜻하는 이탈리아어로 카날리Canali라는 단어를 사용했다.

그 즈음 미국의 천문학자이자 당시로서는 꽤 잘나갔던 금수저, 퍼시벌 로웰Percival L. Lowell, 1855~1916년은 구경 24인치의 꽤 커다란 망원경을 통해 화성을 자세하게 들여다봤다. 그 역시 화성의 표면에서 지구의 강줄기처럼 길게 뻗어 곳곳으로 갈라진 물의 흔적을 발견했다. 그런데 이때 조반니의 '물길'이라는 말을 사람이 인공적으로 만든 운하를 뜻하는 카날Canal로 잘못 번역했다. 삽시간에 화성에 살고 있는 문명이 운하를 만들어놓았다는 충격적인 이야기가 되어 곳곳으로 퍼지게 됐다. 역사적으로 남을 번역이 아닐까 싶다.

이후 이 발표는 수많은 감독과 작가의 상상력을 자극했다. 그리고 다양한 화성인의 모습을 만들어냈다. 지구로 쳐들어오는 외계인의 고향도 화성이 됐다. 지구 바깥에도 생명체, 아니 지적 문명이 존재할 수 있다는 가능성과 상상력을 열어준 첫 번째 사건이었다.

무매력 행성인 줄 알았던,
화성의 반전

달에서 조사는 할 만큼 했다고 생각한 인류는 화성에서 재밋거리를 찾기 시작했다. 화성에 최소한 풀 뜨더기 몇 개, 벌레 몇 마리라도 살고 있지 않을까? 라는 기대를 안고, 인류는 화성을 향해 계속해서 로봇을 날려 보내고 있다.

이론적으로 우리가 살고 있는 지구와 환경이 가장 비슷한 곳은 화성이다. 따라서 만약 지구가 아닌 다른 태양계 행성 어딘가에 생명체가 살고 있다면 그나마 화성에 기대를 해볼 수 있다. 지구보다 조금 더 멀리 태양에서 떨어져 있기 때문에 평균 기온은 더 낮다. 지역별로 햇빛을 받는 정도에 따라 약 30도에서 영하 140도를 오르내린다. 평균 온도는 섭씨로 영하 60도 정도다. 2015년에는 지구에 매서운 한파가 전 세계적으로 찾아왔었다. 그때 특히 미국 북부에 폭설과 한파가 유난했다. 일부 미국 네티즌들은 어째서 우리 마을이 화성보다 더 춥냐며 한파를 화성의 온도에 빗댈 정도였다.

1956년 처음으로 화성 곁을 성공적으로 지나가면서 화성 사진 21장을 보내준 로봇 탐사선 매리너 4호Mariner 4를 시작으로 지금까지 가장 많은 탐사선이 화성에 갔다. 화성에 정말로 거대한 인공 물체가 있는지, 드디어 직접 화성에 가서 그 의문을 풀게 된 것이다. 그러나 아쉽게도 화성 주변을 맴도는 궤도선과 화성 표면에 착륙한 로봇들이 보낸 자료에 따르면, 화성도 달 못지않게 굉장히 따분하고 심심한 곳에 불과했다. 요즘 표현으로 바꾸어보자면 달이 흰색 노잼The Boring White 이고 화성은 붉은 노잼The Boring Red 정도려나.

지금껏 화성에 착륙한 많은 탐사선의 주된 임무는 화성에서 생명체의 흔적이나 존재를 암시하는 징후를 포착하는 것이었다. 미생물을 포함한 지구 생명체들이 신진대사와 생명 활동을 하면서 만들어내는 유기 물질, 가스 성분 등을 화성에서 검출하기 위한 노력이 이어졌다. 그러나 화성에 착륙해 그 토양 성분을 검출하고, 간단한 화학 실험을 시행했던 바이킹Viking 탐사선은 뚜렷한 생명체의 흔적을 찾을 수 없었다. 하지만 로봇과 똑같은 모델을 지구의 사막에서 똑같이 작동시켜봤을 때 생명의 흔적을 찾을 수 없다는 결과를 얻은 사례가 있기 때문에, 바이킹 탐사선의 실망스러운 발표를 신뢰할 수는 없다는 비판도 있다.

이처럼 화성에 도착한 탐사선들은 차갑게 메마르고 붉은 사막의 모습만 보내줬다. 운하 사건과 함께 시작됐던 화성 생명체에 대한 막연한 기대는 다시 힘을 잃게 됐다. 화성도 그저 그런 재미없는 행성 중 하나에 그쳤다. 적어도 지금까지는.

생명을 이루는 가장 주된 성분 중 하나는 물이다. 따라서 생명체의 징후를 찾기 위해서는 그 행성에 물이 존재하는지를 먼저 탐사해야 한다. 화성 탐사 역시 물의 존재를 확인하는 데 초점을 두었다. 화성에서의 물의 존재 여부가 탐사의 핵심이다. 그리고 곧이어 그동안 그저 재미없고 시시해 보였던 화성에서 그동안 미처 알아채지 못했던, 흥미로운 매력이 발굴되기 시작했다. 드디어 화성에서 물이 발견된 것이다.

2002년 화성의 극지방을 지나는 궤도를 따라 화성 주변을 맴돌며, 화성의 지도를 자세히 그리고 성분을 분석했던 2001 마스 오디세이2001 Mars Odyssey 탐사선은 화성의 정수리에서 신기한 장면을 목격했다. 지구로 치면 남극과 북극에 해당하는 화성의 정수리, 극지방에서 하얗게 얼어붙은 얼음 지대가 발견된 것이다.

화성도 지구와 마찬가지로 극지방으로 갈수록 내리쬐는 태양의 고도가 더 낮아지면서 평균적으로 더 추운 날씨를 갖게 된다. 화성의 극지방에는 대부분 이산화탄소와 물 일부가 함께 응결되어 있다. 지구의 얼음이라기보다는, 드라이아이스와 비슷한 상태라고 이해할 수 있다. 이곳을 화성의 극관Polar Cap이라고 부른다.

화성도 지구처럼 자전축이 살짝 기울어져 있기 때문에, 화성이 태양 주변을 공전하면서 주기적으로 내리쬐는 햇빛의 각도가 변한다. 그 결과, 화성에서도 지구처럼 일정한 주기로 평균 기온이 오르내리는 계절 변화를 겪게 된다. 흥미롭게도 그 계절 변화는 화성의 극관을 통해 간접적으로 체험할 수 있다. 비교적 화성의 기온이 따뜻해지는 화성의 여름 시기가 찾아오면 화성의 극관은 일부가 증발해 하얀 면적이 줄어든다. 반대로 추운 겨울 계절이 다가오면 다시 이산화탄소와 물이 얼어붙으며 하얀 극관의 면적이 넓어졌다. 계절이 규칙적으로 바뀌면서, 이러한 극관의 면적 변화도 반복해서 일어나고 있다.

화성의 극관을 조사했던 2001 마스 오디세이 탐사선의 이름은 영화감독 스탠리 큐브릭의 대표작 「스페이스 오디세이: 2001」에서 영감을 받아 지은 것이다. 천문학자들의 너드[Nerd]스러운 작명 센스를 엿볼 수 있다. 영화에서 인류는 달을 거쳐 목성으로 가지만, 실제로 2001년 오디세이는 화성에서 펼쳐졌다. 그리고 화성의 극지방에서 차갑게 얼어붙은 오아시스를 발견한 셈이다. 이때부터 인류는 그동안 뻔해 보였던 친구, 화성에게서 호감을 다시 느끼기 시작했다.

화성 탐사 초창기에서 중반기까지 발견된 물의 형태는 실존하는 액체 상태가 아니었다. 과거 물이 흘렀던 강줄기의 흔적이거나 표면과 지하에 일부 얼어붙은 형태로 간접적으로 확인됐다.

물론 대중의 관심을 사기에는 여전히 부족한 수준의 매력이었지만, 최소한 과거에는 화성도 지금의 지구처럼 물이 풍부한 행성이었을 수 있다는 흥미로운 가능성을 열게 된 것이다.

화성은 지구 절반 정도로 크기가 작다. 즉 지구보다 중력이 약하기 때문에, 지구만큼 충분히 많은 기체를 붙잡아 꽤 괜찮은 대기를 조성할 힘이 없다. 화성이 형성된 직후에는 지구처럼 대기가 두꺼웠을지 모르지만, 이제는 다 화성을 탈출해버렸다. 지금 화성의 대기압은 0.006기압 수준으로 지구의 1,000분의 6 수준이다. 물 역시 모두 증발해버렸다. 그나마 낮은 기온 덕분에 지하, 추운 극지방, 그리고 그늘진 일부 표면에 물이 아주 소량 얼어붙어 있다. 그렇게 겨우 버티고 화성에 남아 있는 얼음 부스러기들만이 최선을 다해 과거 이곳이 물의 천국이었다는 티를 내고 있다.

파면 팔수록 매력적인 행성

2008년. 천문학자들은 오디세이 탐사선이 물의 존재를 의심했던 화성의 극지방으로 탐사선을 착륙시켰다. 화성을 향해 9개월을 날아가, 낙하산을 펴고 무사히 착륙한 새로운 탐사선 피닉스Phoenix는 착륙한 직후 지구로 사진을 보냈다.

그런데 그 사진에서 예상치 못한 것이 발견됐다. 착륙 직후 찍힌 탐사선의 사진 모서리에 살짝 보이는 탐사선의 다리에 작고 동그란 것들이 맺혀 있었던 것이다. 물방울이 응결된 것처럼! 아쉽게도 로봇의 카메라는 탐사선의 다리를 살펴보려고 디자인된 것은 아니기 때문에, 다리에 둥글게 맺힌 것이 실제로 물방울인지는 확인할 수 없다. 그러나 이 사진은 시작에 불과했다.

피닉스에게는 작은 삽이 있어서 천천히 화성 표면에 쌓인 흙을 긁으며 그 속의 성분을 조사할 수 있었다. 천문학자들이 오디세이의 결과를 통해 기대했던 대로, 화성의 극지방은 흙을 조금만 파면 그 아래에서 차갑게 얼어 있는 물이 발견됐다. 게다가 피닉스가 하늘을 향해 레이저를 발사해 조사한 결과, 화성의 극지방에서 내리는 눈Snow의 존재도 확인할 수 있었다. 드라이아이스 조각이 아니라 지구에서 내리는 것과 같이 물이 얼어서 생긴 진짜 눈이었다! 추운 화성에는 지금도 눈이 내리고 있다.

내린 눈은 다시 햇살이 내리쬐어 상대적으로 따뜻해진 낮이 되면 바로 기체로 승화한다. 고체 얼음과 기체를 오가며 대기와 지면을 반복해서 왕복하는, 화성에서의 물 순환 시스템의 존재를 확인한 것이다. 지구에 비해서는 어설프지만 화성 나름대로의 순환계를 갖고 있는 셈이다.

그리고 2015년. 드디어 천문학자들은 화성의 표면에서 얼지 않은 상태로 버젓이 존재하는 물의 존재를 간접적으로 확인했다. 실제로 물이 흐르는 장면을 사진으로 담아낸 것은 아니지만, 물이 흐르면서 일으킨 산사태를 확인했다. 똑같은 언덕 지대를 촬영한 다른 날짜의 사진들을 비교한 결과, 따뜻한 계절이 찾아와 표면에 얼어 있던 물이 녹으면서 언덕이 물과 함께 무너진 흔적이 포착된 것이다. 늘 액체 상태로 표면에 머무르지는 않지만, 적어도 따뜻한 계절이 오면 화성 표면에도 지구처럼 흐르는 물이 존재하고 있다.

몇 달 전 화성에서의 1,000일을 넘기고 계속 임무를 수행 중인 큐리오시티Curiosity 탐사선을 비롯해, 수많은 탐사선이 화성에 구멍을 내고 바퀴 자국을 남기며 곳곳을 돌아다녔다. 반복된 조사를 통해 화성의 메마른 지면 바로 아래 곳곳에는 물이 얼어붙어 있다는 것이 지금은 당연한 사실처럼 되어버렸다. 심지어 화성 탐사선들이 남긴 움푹한 바퀴 자국 사이로 얼음의 모습이 가끔 확인되고 있다. 화성은 인간이 가장 많은 낙서를 남긴 지구 바깥 행성이다. 이제는 인간의 발자국만 남은 듯하다.

매번 갈 때마다 풀 한 포기 없이 붉게 얼어붙어 있는 돌무더기만 확인할 뿐이지만, 우리가 화성에 쉬지 않고 탐사선을 보내는 이유는 이렇다. 그나마 그리 멀지 않다는 거리적 장점과 조금만 더 탐구하면 정말로 생명의 징후를 발견하게 될 것 같다는 실낱같은 희망 때문이다. 정말 썸이라도 타듯, 항상 화성은 탐사선이 하나씩 갈 때마다 자신의 매력을 아주 조금씩 보여준다. 화성은 파면 팔수록 더 매력적인 그런 곳이다. 화성의 어장 관리에 놀아나고 있는 우리 인류는, 아마 앞으로도 쉬지 않고 인류 전체가 화성에 발을 디딛는 그날까지 그곳을 넘보지 않을까. 조금만 더 꼬시면 화성이 넘어올 것만 같으니까!

끊이지 않는
화성의 스캔들

가끔 화성에 운석이 충돌하면서 떨어져 나온 화성의 부스러기 중 일부가 지구의 중력에 붙잡혀, 지구에 떨어지는 경우가 있다. 굳이 비싼 돈을 들여 탐사선을 발사하지 않고도, 고맙게도 화성의 조각이 직접 우주를 여행해 지구로 찾아온 셈이다. 이처럼 드물게 화성이 만든 운석이 지구에서 발견되는 경우가 있는데, 화성 운석 중 가장 유명한 것은 ALH84001이다.

이 운석에서 바로 화성 미생물의 화석으로 보이는 구조가 발견됐기 때문이다. 100나노미터 정도로 아주 작은 크기이지만, 겉보기에는 지렁이처럼 생겼다. 대중적으로도 잘 알려진 저명한 저널 「사이언스」에도 이 발표가 소개되면서 외계 생명체를 기다렸던 많은 사람에게 큰 환영을 받았다. 하지만 아쉽게도 실제로 고대 화성 생명체의 흔적인지는 아직도 확인되지 않았다. 현재 주류 천문학자들은 화석이 아닌, 다른 자연적인 지질학적 현상에서 그 원인을 추정하고 있다.

뿐만 아니라 화성은 크고 작은 생명체 스캔들로 항상 시끄러운 곳이다. 화성 탐사선들이 보내오는 막대한 양의 사진들은 천문학자뿐 아니라, 누구라도 인터넷을 통해 실시간으로 구경할 수 있다. 무료로 개방된 NASA의 화성 탐사 사진 아카이브에는 다음과 같은 장면이 찍혀 있다.

이스터 섬의 모아이 석상처럼 사람의 얼굴을 한 듯한 화성의 거대한 인면암The Face on Mars부터 이구아나를 닮은 형체, 숟가락 모양, UFO의 부품으로 의심되는 각진 바위 등이 대표적이다. 큐리오시티 탐사선의 고해상도 카메라에는 탐사 초기까지만 해도 없었던, 마치 누가 먹다 버린 젤리 도넛 같은 물체가 시야에 갑자기 등장하기도 했다.

이를 근거로 아마추어 화성 팬의 일부는 과거 원시 화성에는 단순히 물이나 미생물이 존재했던 것이 아니라, 지금의 지구처럼 꽤 발달한 수준의 문명이 있었을 것이라고 주장한다. 지금 화성에서 발견되는 이런 흔적들은 모두 오래전 화성에서 살았던 고등 문명의 문화재라는 것이다. 심지어 지금 지구에서 터전을 잡아 살고 있는 인류가, 아주 오래전 화성에서 지구로 이주해온 이들의 후예라고 생각하는 사람들도 있다.

로맨틱한 테라포밍

지금까지 화성이라는 행성 하나에만 투자한 예산과 연구 기간을 합하면, 화성에서 살아 있는 날파리 하나라도 발견하는 것이 전혀 이상하지 않을 것 같다. 오히려 지금까지 아직도 명확한 생명체의 증거를 찾지 못했다는 게 더 억울할 지경이다. 그러나 지구의 천문학자들은 한결같다. 지금도 20년, 30년 이후에 날려 보낼 차기 화성 탐사선들이 예약되어 있다. 결국 언젠가 우리는 답을 찾을 것이다. 늘 그랬듯이.

2020년을 앞둔 인류는 단순히 화성이 제공해주는 과거 전성기의 파편을 운 좋게 줍는 것뿐 아니라, 아예 직접 화성의 환경을 개

척해나갈 계획을 구상하기 시작했다. 직접 인류가 화성으로 이주해서 그곳의 환경을 지구처럼 인류가 살기에 적합한 상태로 바꿔나가는, 화성의 지구화Terraforming 혹은 식민지화를 준비하는 것이다. 지난 2010년대까지는 멀리서 화성의 눈치를 보며 정말로 화성의 속마음이 촉촉한지 메말랐는지 간을 봤다면, 이제는 우리가 아예 적극적으로 먼저 화성에 다가가는 전략을 택한 셈이다.

화성은 우리가 조금만 노력하면 진짜 해볼만 한 곳이다. 지금은 생명체가 살기에는 서툴고 허접한 곳이 되어버렸지만, 분명 과거에는 가슴 따뜻한 곳이었을 것이다. 우리가 조금만 도와주면 다시 예전처럼 로맨틱한 곳으로 탈바꿈할 수 있는 곳이다.

어떤 행성에 문명이 싹트기 위해서는, 그 행성의 적합한 환경과 함께 그 환경을 교묘하게 잘 이용할 줄 아는 영특한 생명체의 노력이 필요하다. 사랑도 마찬가지다. 결국 사랑은 주거니 받거니 하는 상호작용의 하나일 뿐.

그 사람은 나에게 있어 친구와 썸 사이를 오가는 애매한 화성이지만, 나 역시 그 사람에게 또 하나의 애매한 화성이다. 그 사람이 나에게 관심이 있는지 없는지, 그 사람의 애매한 행동 하나하나를 캐물으며 고민하는 것보다는, 차라리 내가 직접 그 사람이 나를 좋아하도록 테라포밍시켜보는 것은 어떨까? 흙더미 한 스푼을 걷어내고, 차갑게 메말라버린 그 혹은 그녀의 마음을 촉촉하게 녹여줄 테라포밍.

2016년 8월 28일. 드디어 하와이 사막에서 1년 동안 화성 착륙 예비 훈련을 한 우주인들이 집으로 돌아갔다. 그동안 우주복을 벗지 못하고 화성에서의 첫발을 준비했던 우주인들은 어쩌면 우주에서 가장 로맨틱한 이벤트를 준비했던 건지도 모르겠다.

05

천문학계에 만연한 외모지상주의

친구들에게 소개팅을 할 생각이 있는지 물어보면 가장 먼저 튀어나오는 질문이 있다.

"예뻐?"

천문학자들이 연구에 필요한 데이터를 수집하는 방식은 유일하다. 망원경으로 하늘을 올려다보며 마냥 별빛을 관측하는 것뿐이다. 순전히 겉으로 보이는 모습만 보고 판단해버린다.

어쩌면 천문학은 정당하게 외모지상주의에 찌들어 있는 과학인지도 모르겠다. 어쨌든 일단 하늘을 '봐야' 별을 딸 수 있다.

10광년 미녀

맑은 밤하늘에서 망원경 없이 맨눈으로 볼 수 있는 별의 수는 4,000여 개 정도라고 한다. 도시를 조금 벗어나면 밤하늘에서 쏟아질 듯 빛나는 별들을 만날 수 있는데, 크고 작은 별들이 한가득 머리 위를 장식한 그 모습은 정말 환상적이다. 특히 하늘을 볼 때 사람들의 눈길은 상대적으로 더 밝아 보이는 별에게 먼저 가기 마련이다. 밝은 별들 사이로 희미하게, 보일 듯 말 듯 어둡게 빛나는 별에게는 시선은커녕 있는 줄도 모르고 지나치는 경우도 많다.

눈이 부신 외모를 자랑하는 잘나가는 별들 사이에 있다가 그대로 묻혀버린 불쌍한 오징어 별들. 평범한 얼굴들 사이로 아름다운 혹은 잘생긴 사람에게 눈길이 몰리는 것은, 밤하늘을 올려다보는 우리의 모습과 많이 닮은 것 같다.

그럼 이런 질문을 해보자. 우주에서 겉으로 보이는 별의 밝기에 따라 잘남과 못남이 구분되는 것일까? 답은 '전혀 그렇지 않다'이다. 하늘에서 보이는 곧이곧대로 우주를 믿어서는 안 된다.

스피커에서 나오는 음악 소리를 예로 들어보자. 스피커에서 같은 크기의 소리가 출력되고 있을 때 사람이 얼마나 멀리 떨어져 있느냐에 따라 소리의 크기가 달라진다. 이처럼 먼 거리에서 빛나는 별의 빛은 그 먼 거리를 날아오면서 사방으로 흩어진다. 그래서 같은 밝기의 별이라 하더라도, 상대적으로 더 가까운 거리에 위치한 별의 겉보기 밝기가 훨씬 더 밝게 보이는 착각을 일으킨다.

아주 차갑게 식어가며 겨우 빛나고 있는 작은 별들도 거리가 훨씬 가까우면 그 어두운 모습을 숨기고, 원래 밝은 별인 척 연기를 한다. 반대로 원래는 밝게 빛나고 태양에 비해 수백 배 수천 배가 더 뜨거운 별이라 하더라도, 아주 먼 거리에 숨어서 자신의 눈부신 외모를 숨기고 있는 경우도 있다. 즉, 밤하늘에서 보이는 모든 별의 겉보기 밝기는 전부 우리를 향해 빛나는 거짓말인 셈.

각 별자리에서 가장 밝은 별을 알파 별Alpha Star이라고 한다. 여름밤 은하수를 따라 독수리자리, 백조자리, 거문고자리가 펼쳐져 있다. 그 세 별자리의 알파 별인 알타이르Altair, 데네브Deneb 그리고 베가Vega를 예로 들어보자. 하늘에서 보이는 별들의 겉모습과 밝기는 서로 비슷해 보이지만 각 별은 지구를 기준으로 전혀 다른 거리에 놓여 있고, 저마다 고유의 밝기로 빛난다. 설명을 덧붙이자면 이런 식이다.

알타이르는 태양보다 약 10배 정도 밝고 17광년 거리에 놓여 있다. 베가는 태양보다 약 30배 가까이 더 밝은 대신 25광년 정도 조금 더 멀리 있다. 초거성 데네브는 태양의 광도보다 무려 5만 4,000배나 더 밝지만 가장 먼 1,400광년 거리에 있다.

사람의 경우 외모를 좀 더 부각시키기 위해 소위 화장발 혹은 사진발이라는 잔기술을 쓴다. 별의 경우 더 가까운 거리에 놓여 실제로는 어두운데도 훨씬 더 밝아 보이게 만드는 거리발을 통해 우리의 눈을 속이고 있는 셈이다. 그런 맥락에서 초거성 데네브에 못지않게 밝은 척 열연 중인 작은 별 알타이르에게 박수를 보낸다.

길을 걷다보면 이목구비가 흐릿하게 보이는 사람과 유명 연예인 같은 사람을 발견하게 된다. 그러나 호기심 어린 마음에 용기를 내어 바로 앞까지 다가가면 그 환상이 깨지고 만다. 원거리 미남, 미녀의 거리발이 벗겨지는 순간이다. 때로는 멀리 두고 어렴풋이 바라볼 때가 더 아름다운 경우도 있는 듯하다.

그렇다면 우리 하늘에서 가장 밝게 보이는 별은 무엇일까? 천문학에서 별의 밝기를 재는 기준이 되는 0등성 거문고자리의 베가? 겨울 밤하늘 큰개자리의 목젖 위치에서 가장 밝게 빛나는 시리우스?

이 질문에는 아주 작은 말장난이 숨어 있다. '우리 밤하늘'이 아니라 '우리 하늘'이라고 해야 한다. 우리 하늘에서 가장 밝게 보이는 별, 자신의 빛으로 다른 별들이 보이지도 않게 덮어버리는 무시무시한 별은 과연 무엇일까?

바로 우리 지구에서 가장 가까운 별. 태양이다. 별은 밤에만 보인다는 인식 때문에, 낮에 떠오르는 태양을 별이라고 하면 약간 어색하게 들릴 수도 있겠다. 그러나 태양이라는 별이 떠 있을 때를 낮이라고 부르는 것일 뿐, 낮과 밤의 하늘이 특별하게 다른 것은 아니다.

낮 동안 햇빛에 의해 지구 하늘이 새파랗게 뒤덮이더라도, 그 하늘에는 여전히 다른 별들이 빛나고 있다. 적어도 해가 떠 있는 낮 시간 동안, 우리 지구는 태양만 보이는 거대한 콩깍지에 씌어 있다고 볼 수 있다. 오직 인류의 눈에는 태양만 보일 뿐. 태양이 세상에서 가장 밝고 아름다운 별인 것 같다는 착각에 빠진다. 태양을 바라보기에는 눈이 부실 정도니까!

과거 우주에 또 다른 거대한 별들이 숨어 있다는 것을 알기 전까지 하늘의 주인공은 단연 태양이었다. 그래서 가장 위대한 신으로 대접을 받았다.

하지만 태양도 그저 우주의 수많은 가스 덩어리 중 하나에 불과하고, 심지어 그 밝기도 평범한 편이라는 사실을 알게 되면서 태양에 대한 환상은 많이 지워졌다. 이제는 누구도 태양이 달에 가려지는 일식이 벌어질 때 공포에 떨며 제사를 지내지 않는다.

그러나 지금까지도 여전히 태양은 우리 하늘에서 가장 밝은 별이다. 매일 아침 해가 떠오르면 새벽까지 겨우 빛나던 다른 별빛이 모두 파묻혀버린다는 사실은 지금껏 변한 적 없다.

우리는 종종 연인에 대한 자신의 애정과 마음이 사그라들면, 그것을 두고 연애 초반에 탑재되어 있던 콩깍지가 해제됐을 뿐이라며 지금의 식어버린 자신의 감정을 합리화한다. 하지만 콩깍지의 실체는 단순하다. 콩깍지는 대단한 마법이 아니다. 무엇인가에 홀려서 자신의 애인이 더 멋지고 아름답게 보이는 환각 현상을 일으키는 것도 아니다. 태양이 가장 밝게 보이는 이유와 같다. 그저 내 곁에서 빛나고 있기 때문이다.

어느 날 갑자기 하늘에서 태양이 어두워지기 시작했다면, 그래서 다른 별들이 눈에 들어오기 시작했다면? 그것은 태양의 불길이 식어가는 것일 수도 있고, 우리 지구가 갑자기 태양으로부터 멀어진 것일 수도 있다. 사람도 우주도, 후자의 경우가 될 것이다.

외모 관찰을 위한 천문학자의 장비병

별들의 외모를 판단하고 비교하기 위해서 천문학자는 망원경이라는 외모 스캔 장비를 활용한다. 망원경의 거대한 거울과 렌즈는 먼 우주에서 별들의 빛을 오래도록 끌어모은다. 그리고 어둠 속에 숨어 있는 우주의 모습을 담아낸다.

부엉이나 고양이 같은 야행성 동물은 밤이 되면 눈이 더 커진다. 정확하게 말하면 눈이 물리적으로 커지는 게 아니라 조금이라도 더 많은 빛을 눈으로 받아들이기 위해 동공의 사이즈를 키우는 것이다. 이처럼 천문학자들도 흐릿한 별빛을 조금이라도 더 모으기 위해 망원경의 눈망울을 계속 키우고 있다. 별빛을 받아들이는 둥근 거울이나 렌즈의 면적이 클수록 같은 시간 동안 모을 수 있는 별빛의 양이 더 많아지기 때문이다. 망원경의 눈이 커질수록 더 멀리 숨어 있는 희미한 별빛까지 잘 들여다볼 수 있다.

우리나라에서 가장 거대한 망원경은 경상북도 영천 시에 위치한 보현산천문대에 있다. 망원경 주거울의 지름은 약 1.8미터. 내 키보다 아주 살짝(?) 크다. 눈과 비구름이 잦은 우리나라의 열악한 기상 상황 아래에서도 나름대로 꾸준한 관측 활동을 통해 외계행성을 새로 발견하며 연구에 활발히 쓰이고 있다. 나름 우리나라의 가장 거대한 망원경이라는 점에서, 1만 원권에도 바로 이 보현산 망원경이 그려져 있다. 다들 지갑에 망원경 하나씩은 넣어 다니는 셈.

밤하늘의 구름은 천문학자를 가장 성가시게 하는 요소다. 시시각각 별들을 가리면서 천천히 지나가는 구름 덩어리들을 보며 우리 천문학자들은 구름을 하늘의 똥 덩어리라고 부르기도 한다. 당연히 말도 안 되는 비유이지만 마음은 그렇다는 뜻이다. 관측을 하던 중에 구름이 시야로 흘러들어와 별을 가리면, 구름이 빨리 날아가기를 바라는 간절한 마음을 담아 하늘에 헛부채질을 하기도 한다. 나름 최선을 다해 구름에게 시위를 하는 것이다.

구름 못지않게, 천문학자를 강력하게 괴롭히는 것이 하나 더 있다. 밤이 되어도 꺼지지 않는 도시의 불빛이다. 과제를 위해 학교 옥상에 설치된 망원경 돔으로 올라가 관측할 때가 있었다. 그런데 공교롭게도 내가 다니는 학교는 서울에서도 가장 번쩍거리는 번화가에 위치해 있다. 절대 불이 꺼지지 않는 신촌과 홍대의 밤거리 조명은 하늘 높이까지 쭉 뻗어 올라, 서울의 밤하늘을 희뿌옇게 비추고 있다.

그런 밝은 서울의 조명이 하늘 높이 범람하는 환경 때문에 어두운 밤하늘에서도 잘 보이지 않는 희미한 별빛들은 우리 눈에 들어오지 못하고 만다. 교수님들이 청춘이던 시절에는 일산에 있던 연세대학교 망원경으로도 논문에 쓸 만한 관측을 했다지만, 지금은 어디를 가도 밤이 밝다. 그래서 '학교 옥상에 스위치가 하나 있어서 관측하는 동안 그 스위치 하나로 주변 지역을 전체 다 소등시키고 싶다'는 마음이 든 때가 한두 번이 아니다. 하늘의 별을 죄다 따다 땅에 뿌려놓은 듯, 아름다운 야경을 얻었지만 밤하늘은 실종됐다.

이처럼 해를 거듭할수록 거세지는 구름과 도시 불빛의 방해를 피해, 높은 산으로 숨어들어간 「겨울왕국」의 엘사 공주마냥, 천문학자들은 인적이 드문 산꼭대기로 도망을 갈 수밖에 없었다. 도시에서 멀리 벗어나 높은 산꼭대기에서 구름을 발아래 두고 별을 바라보는 것이다. 실제로 이 산꼭대기를 처음 방문한 천문학자들이 고산병 때문에 숨을 헐떡거릴 정도다. 이렇게 숨도 헐떡일 만큼 무리한 높이에 대체 얼마나 대단한 망원경을 세워놓은 것일까?

하와이 섬의 북쪽에는 하와이 제도 안에서는 가장 높은 휴화산 마우나케아가 있다. 그리고 이 산의 정상에는 여러 망원경들이 모여 있는 마우나케아 천문대Maunakea Observatory가 자리하고 있다. 흰 눈으로 덮인 이곳은 고도가 약 4,200미터다. 미국, 캐나다, 남미 여러 나라가 함께 만든 지름 8.1미터짜리의 제미니Gemini 망원경, 일본에서 만든 아시아 최대 광학 망원경인 스바루Subaru 망원경 등이 거대하고 멋진 조형물처럼 서 있다. 밤하늘을 향한 천문학자들의 열정으로 만든 현대판 모아이 석상이라는 생각이 들 정도다.

이 마우나케아 천문대에서 가장 큰 크기를 자랑하는 것은, 쌍둥이 켁Keck 망원경이다. 켁 망원경에는 지름이 10미터인 거대한 반사 망원경 2개가 쌍둥이처럼 서 있다. 거울이 워낙에 거대해서 하나의 큰 거울 면으로 제작할 수 없었다. 그래서 거울 36조각을 모아 벌집처럼 붙인 뒤 거대한 오목 거울을 하나 만들었다.

지구의 위아래, 북반구와 남반구에서 볼 수 있는 밤하늘은 다르다. 때문에 북반구뿐 아니라 남반구에도 아주 거대한 망원경들이 서 있다. 칠레에는 안데스산맥을 따라 곳곳에 우주를 보는 거대한 눈들이 자리하고 있다. 쎄로 파라날Cero Paranal에 서 있는 유럽의 망원경에는 지름 8.2미터짜리의 커다란 반사 망원경이 무려 4개가 모여 있다. 정말 순박한 천문학자들은 이 망원경에게 솔직한 이름을 붙였다. 그것은 아주 큰 망원경VLT, Very Large Telescope이다.

천문학자들의 장비 욕심은 10미터로 끝나지 않았다. 그리고 그보다 더 거대한, 계획대로 지을 수나 있을까 싶은 건설 경쟁에 불이 붙기 시작했다. 미국과 호주 그리고 대한민국 세 나라가 힘을 모아 칠레의 산 꼭대기에 2020년경 완공을 목표로 한창 건설 중인 거대 마젤란 망원경GMT, Giant Magellan Telescope이 그것이다. 그 주경의 지름은 무려 약 25미터. VLT의 망원경 하나만 한 8미터 크기의 거울을 7개 모은 규모다.

그렇다면 10년쯤 지나면, 우리나라가 세계에서 제일 거대한 망원경을 보유한 나라가 되는 것일까? 그렇기는 하다. 다만 안타깝게도 3일 천하다. 미국과 캐나다는 그보다 조금 더 큰 망원경 건설을 계획한 뒤 추진하기 시작했다. 2022년 완공을 목표로 하와이 마우나케아에 짓게 될 지름 30미터짜리 망원경이 있다. 그 이름도 참 솔직하다. 30미터 망원경TMT, Thirty Meter Telescope이다.

계속되는 미국의 차세대 망원경 계획에 유럽에서도 부랴부랴 그보다 더 거대한 망원경을 계획한다. 지름이 약 39미터다! 2016년을 기준으로 추진하고 있는 망원경 계획 중 가장 거대한 규모다. 큰 크기를 자랑하며 붙여진 이름은 유럽의 엄청 큰 망원경E-ELT, European Extremely Large Telescope이다. 망원경의 거울 면만 해도 농구장보다 더 거대한 셈이다. 유럽에서는 정말 차원이 다른, 아주 거대한, 무려 지름 100미터 급을 계획하고 있다. 이름은 커다란 눈을 가진 올빼미에 빗대어 OWLOverwhelmingly Large Telescope이다. 아주Very 보다 더 크고, 엄청Extremely 보다도 더 거대한, 다른 모든 것을 압

살[Overwhelmingly]하는 망원경. 이쯤 되면 이름 먼저 정해놓고 망원경 건설 계획을 구상하는 것은 아닌가 의심이 될 정도다. 물론 천문학적인 예산 때문에 이 야심찬 계획은 다행히(?) 무산됐다.

다소 유치해 보이기도 하는 천문학자들의 망원경 사이즈 경쟁은 지금도 계속되고 있다. 이제는 지상을 넘어 지구 바깥 우주 망원경들로 그 경쟁이 옮겨붙었다. 더 머나먼 희미한 별빛을 포착하고 말겠다는 천문학자들의 망원경에 대한 집착은 앞으로도 멈추지 않을 듯싶다. 더 큰 지름의 망원경을 건설하기 위해 예산을 지르는 지름 전쟁[Diameter War]은 현재 진행형이다.

더 아름다운 사랑에 숨어 있는 비결

밤하늘에서 별의 외모가 변하는 것은 아니다. 우리의 일생 동안 함께하는 대부분의 별은 큰 변화 없이 지금의 색으로, 지금의 밝기로 빛난다. 그러나 어떤 망원경으로 바라보느냐에 따라 별의 외모는 다르게 보인다. 우주의 참 아름다움을 느끼기 위해서는 희미한 별빛을 오래 지켜봐줄 수 있는 참을성과 그 빛을 한가득 받아들일 수 있는 큰 눈과 큰마음이 필요하다.

수백 년 전까지는 밤하늘을 가로질러 길게 흐르는 은하수를 그저 구름처럼 하늘에 떠 있는 대기 현상이라고 생각했다. 그러나 갈릴레오가 처음으로 조악하게 만든 망원경으로 은하수를 봤고, 그 희뿌연 물줄기 속에 박혀 있던 수많은 별빛 조약돌의 존재를 확인했다. 그 순간 머리 위를 가로지르던 기다란 구름 조각은 수천억 개의 별로 뒤덮인 우리은하의 단면이 됐고, 그렇게 우리의 우주는 아름다워졌다.

매번 볼 때마다 큰 차이 없이 똑같아 보이는 밤하늘. 하지만 수백 년 째 이 똑같은 밤하늘을 바라봐도 질리지 않는 것은, 그동안 우리가 별을 바라보는 눈이 계속 성장해왔기 때문이다. 조금씩 더 커지고 선명해지는 망원경의 눈동자. 그 시야에 들어오는 우주의 모습은 항상 더 밝고 아름답고 새롭다.

우주는 아직 자신의 매력 대부분을 감추고 있다. 보면 볼수록 우주는 더 매력적이다. 지금도 천문학자들은 미처 다 맛보지 못한 우주의 숨은 매력을 꺼내기 위해, 더 큰 거울을 연마하고, 더 큰 렌즈를 조각하고 있다. 우주를 향한 그들의 일편단심, 순애보는 계속될 것이다.

사랑이 어떻게 지속적으로 아름다울 수 있는지 생각해볼 때가 있다. 식상한 말처럼 들리겠지만 마음가짐이 중요한 것 같다. 천문학자가 우주를 향해 오늘도 반할 준비가 된 것처럼, 사람들도 그렇게 살아간다면 그것이 바로 아름다운 사랑의 기반이 되지 않을까.

06

별액형으로 알아보는 별들의 성격

나와 저 사람은 과연 잘 어울릴 수 있을까? 평소 알던 친구 사이가 아니라, 어색한 소개팅 자리에서 상대방에 대해 진득하게 알기란 쉽지 않다.

그래서 짧은 시간 안에 그 사람의 성격을 파악하고, 나와의 궁합을 맞춰볼 수 있는 다양한 민간요법에 쉽게 매혹된다. 그중 특히 한국에서 많은 사람에게 사랑받는 방법이 바로 혈액형 성격론이다. 하지만 혈액형은 적혈구에 달라붙은 단백질 종류에 따라 혈액의 종류를 분류했을 뿐이다. 대표적인 엉터리 유사 과학이다. 그런데 천문학에 이런 분류가 존재한다.

오, 거기 이쁜이!

나에게 키스해줘!

단순히 적혈구에 달라붙어 있는 단백질 덩어리를 기준으로 60억이 넘는 전 세계 인구의 성격을 네 종류로 분류한다는 것 자체가 어불성설이다. 혈액형 성격론도 통계를 기반으로 한 빅데이터 사이언스라고 주장하는 사람도 있지만, 공식적으로 혈액형과 성격의 상관관계를 밝힌 연구는 없다. 가끔 방송에 나오는 실험들 대부분은 의도적으로 원하는 결과를 만들어내기 위해 잘못 세팅된 실험이 주를 이룬다. A형과 B형이 연애를 한다고 항상 똑같은 결말을 맞이하는 것은 아니지 않는가.

그런데 천문학에서도 별의 성격을 간접적으로 파악하기 위해, 사람의 혈액형처럼 별들을 A형, B형, 그리고 O형 등으로 분류한다. 별의 경우는 좀 더 많다. 천문학에서 주로 다루는 별의 타입은 O, B, A, F, G, K, M 이렇게 일곱 가지다. 여기에 뒤를 이어 L, R, N, S 같은 추가 타입도 있지만, 앞의 일곱 가지를 주로 사용한다.

사람의 혈액형을 알기 위해서는 뾰족한 주사기로 피를 뽑아야 한다. 하지만 별의 경우 그 내부의 물질을 주사기로 뽑아서 검사할 수가 없다. 대신에 간접적인 방법으로 그 속의 물질 상태를 유추한다.

원래 천문학자들은 태양에 가장 많은 원소인 수소 원소를 기준으로, 별의 대기에 수소 함량이 많은 것부터 알파벳을 순서대로 붙여 별의 타입에 이름을 붙였다. 예를 들면 이런 식이었다. A, B, C……. 그러나 보통 별을 분석할 때는 별의 표면 온도를 기준으로 한다. 그래서 기존의 수소 원자의 함량으로 분류되어 있던 별 액형 타입들을 다시 별의 표면 온도 순서대로 재배치했다.

그렇게 완성된 순서가 O－B－A－F－G－K－M이다. 이 순서는 뜨거운 것에서 낮은 순으로 되어 있다. 이렇게 알파벳으로 분류된 별의 타입을, 분광해서 얻은 별의 타입이라는 뜻에서 분광형Spectral Type이라고 부른다.

원래는 수소 원소 흡수선의 세기가 강한 순서대로 알파벳을 붙였다. 그런데 뜨거운 순서대로 재배치하다보니 알파벳 순서가 뒤죽박죽 섞여버렸다. 천문학자들은 뒤섞인 별액형을 온도 순서대로 암기하기 위해 굉장히 독특한 주문을 활용한다. 각 타입의 알파벳을 살려서 “Oh, Be A Fine Girl Kiss Me오, 거기 이쁜이 나에게 키스해줘”라고 외운다. 정말이다. 때에 따라 Girl 대신 Guy로 바꿔서 사용하기도 한다.

별액형의 기반을 만드는 스펙트럼

그렇다면 이런 별들의 별액형은 어떻게 분류하는 것일까. 어린 시절 문방구에서 팔던 작은 프리즘으로 햇빛을 비춰 보면서 무지개를 봤던 기억, 혹은 얇은 CD에 햇빛이나 형광등 빛이 비춰지면서 무지개를 본 적이 있을 것이다. 이는 프리즘으로 빛이 통과하거나 오돌토돌한 얇은 막에 빛이 반사하면서 생기는 현상이고, 빛이 여러 각도로 미세하게 굴절하면서 하나의 빛이 여러 방향으로 분산된 결과다. 즉 햇빛이나 형광등 불빛은 원래 다양한 색깔의 빛 성분이 섞여서 백색광처럼 보이지만, 프리즘이나 CD를 통해 그 빛의 성분이 분해되면서 무지개로 보이게 되는 원리다.

이렇게 하나의 빛을 쪼개 그 속에 녹아 있는 성분을 들여다보는 것을, 빛을 여러 성분으로 분해한다는 뜻에서 분광分光, Spectroscopy이라고 한다. 그리고 이러한 관측을 통해 그리게 되는 기다란 무지개 띠를 스펙트럼Spectrum이라고 부른다. 그런데 태양과 같은 별의 빛을 프리즘 혹은 분광기를 통해 쪼개서 그 스펙트럼을 유심히 살펴보면, 붉은색에서 검푸른 보라색에 이르는 긴 무지갯빛 스펙트럼 사이에 가느다란 검은 선들이 새겨져 있다. 마치 기다란 통나

무에 세로로 도끼 자국을 낸 것처럼 중간중간 검은 흔적이 있다.

태양빛의 스펙트럼에서 검은 자국을 처음 발견한 사람은 독일 물리학자 요세프 폰 프라운호퍼Joseph Von Fraunhofer, 1787~1826년다. 그는 아쉽게도 그 검은 흔적의 정체를 밝히지 못하고 세상을 떠났다.

그의 발견 이후 계속된 연구 덕분에 과학자들은 태양빛뿐 아니라 달빛, 각종 조명 장치에서도 비슷한 현상을 확인했다. 그리고 이 검은 흔적의 정체를 밝혀냈다. 이것은 광원 주변의 가스 대기에 포함된 화학 성분이 남긴 흔적이었다.

만약 밝은 백색광이 아무런 방해를 받지 않는다면 분광기로 스펙트럼을 그렸을 때 빨간색에서 보라색까지 모든 빛깔로 고스란히 분해되어야 한다. 그리고 검은 자국이 없는 예쁜 무지개 띠만 보여야 한다.

그러나 현실에서 그런 완벽한 조명은 존재하지 않는다. 방 안에 있는 인공조명부터 하늘에 떠 있는 밝고 흰 태양, 밤하늘의 별빛까지, 그 어떤 것이든 그 광원 주변의 원소들에게 영향을 받는다. 그 화학 원소들이 광원에서 나오는 강한 빛 에너지 중 일부를 빼앗으며 에너지를 얻는다.

우주의 모든 원소는 각자 특정한 개수의 전자를 갖고 있다. 따라서 각 원소의 전자들이 중간에 가로챌 수 있는 빛의 에너지가 다르다. 산소, 탄소, 질소 등 각 원소마다 노란빛 전문 털이범, 붉은빛 전문 털이범 하는 식으로 가로챌 수 있는 빛의 색이 정해져 있다. 때문에, 별빛 스펙트럼 중 어떤 특정한 위치에 검은 자국이 남아 있다면, 그게 어떤 원소의 소행인지 뻔히 알 수 있다.

사람의 경우 혈액형과 성격의 상관관계는 과학적으로 검증되지 않은 흥밋거리 정도에 불과하지만, 별액형과 별의 성격은 물리적으로 아주 밀접한 관계를 갖고 있다. 별액형은 멀리 떨어진 별빛을 겨우 주워 담는 입장에서, 그나마 우리가 별에 대해 파악할 수 있는 몇 안 되는 정보 중 하나다. 직접 그 별에 날아가서, 별을 쪼개보고 그 안의 화학 성분을 검출할 수 없다보니, 천문학자들은 잡히지 않는 무지개를 좇는 소년의 심정으로 얇은 분광기의 슬릿 사이로 별빛을 정조준하며 무지개 스펙트럼을 관측한다.

별의 세대를 알아맞히는 방법, 분광

가느다란 슬릿 사이로 들어오는 별을 하나하나 잘 바라보면, 별들의 색깔이 마냥 허옇지는 않다는 것을 알 수 있다. 검푸른 밤하늘에 떠 있는 별들은 각자 또렷한 고유의 색을 띠고 있다. 표면이 뜨거운 별은 아주 푸르고 하얗게 빛나고, 태양 같이 미지근한 별은 노르스름한 주황빛으로 빛나며, 그보다 표면 온도가 더 낮은 별은 불그스름하게 빛난다. 별의 표면이 얼마나 뜨거운지 그 온도에 따라 별이 에너지를 주로 내보내는 빛의 파장이 달라진다. 온도가 더 높을수록 파장이 더 짧은 푸른 빛 쪽으로 에너지 대부분을 내보내고, 온도가 낮을수록 파장이 길고 느슨한 붉은 빛 쪽으로 에너지를 주로 내보낸다. 따라서 별이 무슨 색으로 빛나는지 거대한 가스 덩어리에 직접 체온계를 꽂지 않아도, 멀리서 별의 낯빛만으로 표면 온도와 내부 상태를 알 수 있다.

또 별빛 스펙트럼에서 대기에 섞여 있는 각종 원소가 갉아먹은 무지갯빛 스펙트럼의 검은 흠들을 통해 그 별의 대기 상태를 유추할 수 있다. 무지개 띠 위에서 검은 자국이 어떤 색깔 위에 새겨졌는지를 알면, 그 위치를 통해 어떤 원소가 스펙트럼을 갉아먹었는지 알 수 있는 것이다. 또 그 스펙트럼이 어둡게 파인 깊이를 통해 별 대기에 포함된 원소의 함량까지 구할 수 있다. 마치 사람의 혈액을 채취해 각종 실험을 통해 DNA 성분을 확인하고 친자 확인을 하듯, 천문학자들도 별빛의 색깔과 스펙트럼을 통해 그 별빛에 녹아 있는 별 DNA를 검출한다. 분광 관측을 통해 파장이 아주 짧은 감마선과 엑스선에서부터 파장이 아주 긴 전파에 이르기까지, 가시광 영역을 넘나드는 기다란 스펙트럼에 별빛의 성분을 펼쳐놓고 별의 성분 함량표를 작성하는 셈이다.

별의 DNA 성분을 분석할 수 있게 되면서 별의 생로병사도 추적할 수 있게 됐다. 별들이 나이를 먹으면서 어떻게 화학 조성이 변화하는지를 알게 되는 것이다.

특히 별의 DNA 안에 무거운 금속 원소들이 얼마나 포함되어 있는지에 관한 금속 함량을 계산할 수 있다. 그 결과를 이용해 그 별이 우주에 금속 성분이 아직 많지 않았던 초기에 태어난 1세대 별인지, 우주에 금속 성분이 많이 퍼지게 된 후 태어난 2세대 별인지 분간할 수 있는 것이다. 즉, 별들 사이의 세대 차이를 확인할 수 있다.

2014년에는 우리 태양에서 그리 가깝지 않은 곳에서 태양과 항성 대기의 화학 조성이 비슷한 별들을 확인했다. 이런 별들은 아주 오래전 태양이 태어났던 같은 가스 구름에서 함께 태어났다가 멀리 헤어진 태양의 잃어버린 고향 친구들이다.

분광이 있기 전까지의 천문학은 그저 눈으로 망원경에 들어오는 별의 밝기를 표시하고 위치 변화를 기록하는 수준이었다. 분광 관측이 개발되면서 별의 이야기를 보다 더 물리적으로 이해할 수 있게 되는 천체물리학의 시대가 열린 것이다.

하늘의 자체 필터링

한때 10대만 들을 수 있는 벨소리라며 유행하던 소리가 있다. 나이가 들수록 고주파 소리가 들리지 않는 사실에서 착안해, 교실에서 벨이 울려도 선생님은 듣지 못하지만 학생들은 들을 수 있는 소리라고 했다.

사람마다 차이를 보이지만 인간은 자연에 존재하는 모든 소리를 들을 수 없다. 우리의 귀가 들을 수 있는 주파수의 범위를 가청주파수라고 한다. 아마 가청 주파수에 제한이 없었다면 우리는 진작에 시끄러움을 견디지 못하고 멸종했을 수도 있다.

우리의 평온한 삶을 위해 적당히 소리를 걸러 들려주는 귀의 필터링처럼, 우리의 눈 역시 자연의 모든 빛을 고스란히 보지는 않는다. 그중 일부만 걸러 볼 수 있도록 진화했다. 우리가 눈으로 인식할 수 있는 빛의 파장 범위라는 뜻에서 가시광Visible Light이라고 부른다. 그보다 파장이 더 짧은 자외선, 엑스선, 감마선 등 에너지가 높은 빛과 그보다 더 파장이 긴 적외선, 전파는 우리 눈으로는 볼 수 없다.

인류가 하필이면 이 가시광에 해당하는 범위의 빛만 볼 수 있게 된 것은, 우리가 진화해온 이 지구의 하늘과 태양 때문이다. 태양 정도의 온도로 미지근하게 빛나고 있는 별은 대부분의 에너지를 가시광 영역에서 내보내며 밝게 빛나고 있다.

또한 우리 머리 위를 덮고 있는 지구의 대기는 그런 태양빛 중에서 생명체에게 해로운 빛을 막아주는 보호막 역할을 한다. 고도 약 20킬로미터에 두껍게 모여 있는 오존층에서 자외선 대부분이 흡수된다. 그보다 더 에너지가 강한 감마선과 엑스선은 대부분 지구 하늘에서 완벽하게 차단된다. 그 다음에는 하늘의 수증기에 의해 적외선이 대부분 흡수된다. 지상에 살고 있는 우리 눈에 도달하는 태양빛은 대부분 가시광 영역뿐이고, 그런 하늘 아래 수천만 년 진화해온 우리들의 눈은 자연스럽게 가시광만 볼 수 있는 색안경을 쓰게 된 것이다.

우리의 눈과 하늘은 선천적으로 우주가 속삭이는 빛의 일부만 엿볼 수 있도록 제한되어 있다. 지구의 하늘은 우주의 진짜 모습을 우리에게 한 차례 걸러 보여주며, 우리가 진짜 우주를 바라보도록 쉽게 허락해주지 않는다.

태양보다 훨씬 뜨겁게 타오르고 있는 별은 가시광보다는 자외선에서 주로 에너지를 내뿜는다. 이는 에너지가 더 높은 파장의 빛을 많이 내보내기 때문이다. 특히 갓 태어난 파릇파릇하고 뜨거운 아기 별들의 울음소리는 자외선 영역에서 우렁차게 퍼져나간다. 이런 우렁찬 신생아들은 대부분 자기가 태어났던 가스 구름에 포대기처럼 싸여 숨어 있는 경우가 많다. 아기 별의 미지근한 빛은 먼지 포대기에 의해 많은 부분 흡수되고, 대신 먼지 구름이 뜨겁게 달궈지면서 미지근하게 적외선 영역에서 밝게 빛나게 된다.

또 병원에서 뼈의 상태를 보기 위해 엑스선 촬영을 하듯, 우주에서도 밝은 별과 먼지 구름 속에 숨은 채 아주 강한 에너지를 내뿜는 블랙홀과 뜨거운 가스의 움직임을 포착하기 위한 엑스선 관측이 필요하다.

우리 눈으로 볼 수 있는 가시광 관측을 통해서는 이런 숨어 있는 이야기를 확인할 수 없다. 감마선에서 전파에 이르는 다양한 파장의 빛으로 우주를 바라봐야 이런 내막을 파헤칠 수 있다.

그러나 문제는 이런 다양한 빛들이 지상에 설치된 망원경에 도달하기도 전에 하늘의 수증기와 오존층 등 여러 필터에 의해 전부 차단된다는 것이다. 우리가 그 어떤 방법을 써도 지상에 앉아서는 우주의 일부만 볼 수 있다. 이를 극복하지 못한다면 우리는 우주를 이해할 때 아주 큰 편견에 사로잡힐 수밖에 없다. 그래서 천문학자들은 하늘의 방해를 벗어나기 위해 아예 우주로 망원경을 띄워 올리게 된다.

지금은 다양한 우주 망원경들이 지구 궤도에 올라 가시광을 비롯한 다양한 파장의 빛을 필름에 기록하며, 우주의 모습을 고스란히 보여주고 있다. 눈으로는 볼 수 없었던 미지근한 먼지 구름의 실루엣, 갓 태어난 새내기 별의 울음소리 그리고 엄청난 양의 가스를 내뿜으며 주변 별과 물질을 집어삼키는 거대 블랙홀들의 먹방 쇼까지. 선천적으로 타고난 색안경을 극복하기 위해, 천문학자들은 아예 여러 색안경을 갈아 끼워가며, 그동안 미처 볼 수 없었던 부족한 부분을 하나씩 메꿔가고 있다.

우주의 포커페이스를 꿰뚫는 방법

똑같은 별과 은하를 찍은 사진이더라도, 어떤 파장으로 바라보았는지에 따라 굉장히 많은 차이를 확인할 수 있다. 눈으로 봤을 때는 특별할 것 없는 은하인데도 전파를 통해 보면 굉장히 큰 폭발 잔해와 함께 요동치는 모습을 볼 수 있다. 자외선으로는 아무것도 보이지 않지만 적외선으로 바라보면 어둠 속에 숨어 있던 먼지 구름의 형체가 드러나기도 한다. 우주의 빛나는 모든 것들은 자신의 원래 모습을 숨긴 채, 자기가 보여주고 싶은 일부만 보여주는 포커페이스를 하고 있다.

눈에 보이는 모습만 가지고는 우주의 실체를 알 수 없다. 다양한 종류의 파장을 통해 엿들은 여러 이야기를 한데 모아놓고 겹쳐 볼 때야만 비로소 우주가 속삭이고 있던 그 속마음, 포커페이스에 감춰진 진짜 얼굴을 확인할 수 있다.

그 사람의 진짜 모습, 성격을 파악하기 위해서는 오랜 시간 다양한 순간을 함께하면서 충분한 데이터를 쌓아야 한다. 소개팅 첫날, 첫 만남의 그 짧은 시간 동안 주고받는 그의 젠틀함과 그녀의 조신함은 그 사람의 전부가 아닐 게 분명하다.

여러 번의 애프터와 본격적인 만남을 시작하면서 우리는 눈과 귀에 온갖 필터를 갈아 끼우며, 그 사람의 포커페이스를 꿰뚫는 다중 파장 관측을 시도한다. 가느다랗게 뜬 눈동자 슬릿 사이로 세심하게 상대를 째려보며 고성능 분광 관측을 하는 것이다. 서로를 마주한 젠틀맨과 레이디 사이로 머릿속 필터 돌아가는 소리만 작게 들릴 뿐이다.

3장

•

우주에서
운명처럼 만나

"오늘부터 우리는."

01

정역학 평형을 이루는 순간의 당돌한 고백

"우리 오늘부터 1일이야." 유치하지만, 이처럼 속 시원한 한마디가 또 있을까.

역설적이게도, 상대를 향한 마음이 과도해지면 사랑을 시작하는 데 방해가 되는 것 같다. 상대방이 거절했을 때 느끼게 될 그 처절한 절망감이 두려워서 당장 입술이 떨어지지 않기 때문이다. 그저 애매함 속에서 애간장만 태운다.

우리는 사랑을 나누고 헤어지기를 반복하면서 살아간다. 이 모든 과정이 마치 인생에서 우연하게 교차하는 만남, 예측 불가능한 우주다. 이렇듯 우주의 모든 운명과 가능성은 열린 결말 같다.

50억 년 전의 실화

우주는 정말 우연의 연속으로 채워져 있을까? 안타깝게도 이 우주는 상당 부분 운명론의 지배를 받고 있다. 만일 내가 그 사람을 만나고 헤어지는 일이 이미 물리적으로 예정되어 있던 운명의 일부에 지나지 않는다면? 태어날 때부터 평생 어떤 인생을 살다가 언제 어떻게 죽음을 맞이하게 될지, 모든 순간이 정해져 있다면 어떤 느낌일까? 정말 허무하게도, 우리 우주는 애초에 정해진 운명을 따라 차분히 세월을 흘려보내고 있다.

태양을 비롯한 우주의 모든 별은 우주 공간에 뿌옇게 퍼져 있던 가스 구름이 수축하면서 만들어지기 시작한다. 애석함은 이 다음부터 시작된다. 이 세상의 모든 썸이 항상 연인이 된다는 결과로 이어지는 것은 아님을 모두가 안다. 별도 그렇다. 모든 가스 구름이 별로 새롭게 태어나는 것은 아니다. 제대로 사랑의 불씨를 지피지도 못하고 금세 사그라들기도 하며, 지나치게 뜨겁게 불타올랐다가 별이 되지 못하고 우주에서 흔적도 없이 사라지는 경우도 있다. 그리고 그 운명의 결과는, 가스 구름이 모이기 시작할 때부터 예견되어 있다.

초기에 고르게 퍼져 있던 가스 구름은, 가스 구름 입자들의 미세한 중력에 의해 서서히 시간이 지나면서 조금씩 모이고 뭉치기 시작한다. 가스 구름이 반죽되면 반죽될수록, 덩어리가 주변 가스 물질을 끌어모으는 중력의 세기는 더 강해진다. 그리고 눈덩이처럼 계속 크기를 키운다. 월드컵 시즌마다 시청 앞 광장을 메우는 관중들의 모습처럼, 입자들은 점점 더 빽빽하게 모인다. 서서히 수축하고 안으로 모여드는 가스 반죽의 중심은 강하게 짓눌리고, 가스 구름이 수축하면서 얻은 열에너지가 고스란히 중심으로 전달되어 누적되기 시작한다.

수축된 가스 구름의 중심부는 온도가 1,000만 도 이상으로 올라간다. 중심의 수소 원자핵들도 뜨거워져서 날뛰기 시작한다. 가스 반죽 중심에서 빠르게 요동치는 원자핵 간의 충돌도 잦아진다. 그 결과 빠르게 서로를 향해 돌진한 수소 원자핵은, 비록 전기적으로 모두 같은 +극이지만, 워낙에 빠르게 서로를 향해 돌진하기 때문에 전기적 반발력을 이기고 충돌해 합쳐질 수 있다. 이런 고온 환경에서 벌어지는 원자핵 간의 융합반응, 핵융합Nuclear Fusion 반응을 통해 별은 잉여 에너지를 만들어내기 시작하고, 그렇게 발전된 에너지가 바깥 우주 공간으로 별빛이 되어 새어나가기 시작한다.

천문학자들은 단순히 둥글게 뭉쳐 있는 가스 덩어리라고 해서 죄다 별이라고 부르지는 않는다. 중심에서 온도가 충분히 달아올라 수소 원자핵을 반죽하고, 헬륨 원자핵을 만들어내는 수소 핵융합과정을 통해 내부에서 스스로 에너지를 생산해야 한다. 그리고 스스로 빛을 내기 시작할 때가 되어야 비로소 이 가스 덩어리는 정식 별로 우주에 데뷔하게 된다.

한데 모인 거대한 가스 물질들은 중심을 향한 중력에 의해 가운데로 수축하려 한다. 그러나 한가운데서 뜨거운 열에 의해 팽창하는 힘은 중력과 반대로 작용한다. 가스 구름이 수축하려는 힘과 중심의 열에 의해 반대로 팽창하려고 하는 힘. 이 중력과 압력이 서로 평형을 이루면서 안정되는 순간, 별은 더 이상 팽창하거나 수축하지 않는다. 초기에 수축하기 시작했던 가스 구름이 가만히 안정적으로 평형을 이룰 때, 바로 정역학적 평형靜力學的平衡, Statics Equilibrium이 이뤄졌을 때, 별의 핵융합 엔진에 불씨가 타오르며 떳떳한 별이 된다.

천문학자들은 이처럼 가스 구름이 중심에서 수소 핵융합을 시작하고, 압력과 중력의 평형을 이뤄 둥근 가스 덩어리 모습을 유지할 때부터를 별이라고 정의한다. 이것이 바로 우리 태양이 지금으로부터 약 50억 년 전에 태어나면서 겪었던 실화다.

목성의 못다 이룬 꿈

가스 구름 중심의 핵융합 엔진에 첫 시동을 걸기 위해서는 한 가지 조건이 필요하다. 바로 충분한 열이다. 아무리 좋은 땔감이 많이 있어도, 온도가 충분히 뜨겁지 않다면 무용지물이다. 뭉친 가스 반죽의 중심에서 수소 원자핵 간의 전기적 반발력을 이기고, 원자핵들을 빠르게 날뛰게 만들어 충돌시키고 붙일 수 있을 만큼 충분한 열이 주어져야 한다. 만약 열이 부족하다면 그것은 별이 될 수 없다. 그동안 모인 가스 덩어리가 무색하게 그저 둥글게 모여 차갑게 식은 가스 덩어리만 될 뿐이다.

다행히 우리 태양은 이 까다로운 조건을 무사히 넘겼다. 그리고 멋진 주황빛 불덩어리가 됐다. 애초에 충분히 무거운 양의 가스 구름이 뭉쳤기 때문에 그 중심에서도 충분한 양의 열이 제공됐고, 수소 원자핵 핵융합의 불씨를 지펴 본격적인 별로서 삶을 시작할 수 있었다.

그러나 안타깝게도 목성은 그 조건에 부합하지 못했다. 목성 역시 우리 태양과 마찬가지로 가스가 둥글게 모여 있는 가스 덩어리이지만 목성을 만들던 가스 반죽의 질량은 중심에 불씨를 지피기에 턱없이 부족했다.

목성이 만들어지기 시작하던 초기에 수축한 가스 덩어리는 중심에서 수소 핵융합을 시작하지도 못하고 그저 둥글게 반죽되고 끝나버렸다. 이렇게 시시하게 끝나버린 가스 덩어리들을 갈색왜성Brown Dwarf이라고도 부른다. 사실 목성은 갈색왜성 세계에서도 끼워주기 민망할 만큼 아주 자그마한 수준이다.

초반에 썸만 살짝 주고받다가 끝내 불을 피우지 못하고 사그라든 인연처럼, 목성의 열정은 그렇게 식어갔다. 목성은 이런 태생적 한계를 극복할 수 없었다. 애석하게도 목성이 형성되는 그 순간, 목성의 이런 시시한 운명은 이미 결정된 것이나 다름없었다. 목성이 할 수 있는 사랑은 딱 태양계 최대 크기의 가스 행성 정도, 거기까지가 최선이었다. 목성木星은 한자 표기로나마 별이 될 수 있는 데 위안을 삼아야 했다.

만약 목성이 만들어지던 당시, 원시 목성 가스 구름의 질량이 지금보다 조금 더 무거웠다면, 그래서 만약에 우리 태양계에 태양뿐 아니라 또 다른 작은 별이 하나 더 형성됐다면, 목성의 입장에서는 속이 시원했을지 모른다. 하지만 별이 되어버린 목성과 태양의 혼란스러운 중력 줄다리기 속에서 우리 지구는 지금처럼 무사하지 못했을 수도 있다. 지구의 안위를 위해 별대신 행성의 길을 걷는 쪽으로 목성이 한발 물러나준 것이 아닐까.

목성의 물결치는 커피색 표면에는 우리 지구 하나가 통째로 쏙

들어가고도 자리가 남을 만큼 거대한 태풍이 아주 오래도록 휘몰아치고 있다. 목성에는 지구에서처럼 한번 형성된 바람에 마찰을 일으켜 속도를 줄일 까칠한 지표면도 없다. 때문에, 이렇게 한번 형성된 거대한 태풍은 쉽게 사그라들지 않는다. 분노한 티라노사우르스의 붉은 눈망울처럼 목성의 한가운데에서 맴돌고 있는 거대한 태풍의 눈, 대적점Great Red Spot을 보고 있자면 끝내 별이 되지 못한 자신의 안타까운 신세를 한탄하는 목성의 포효가 시각화된 것은 아닌가 하는 생각도 든다. 더 안타까운 것은 최근 관측에 따르면 몇 십 년 간 건재했던 이 목성의 태풍조차 서서히 그 사이즈가 작아지고 있다는 점이다.

별의 몸무게 상한선

그와 반대로, 초반에 모인 가스 구름의 양이 너무 지나쳐도 문제가 된다. 초기에 모여 있는 가스 구름의 질량이 지나치게 많을 경우, 이번에는 가스 구름이 수축하면서 그 중심에서 굉장히 지나칠 정도로 많은 열이 누적된다. 이번에는 목성의 경우와는 반대로, 가스 구름을 한데 모아주는 중력에 비해 가스 구름을 바깥으로 밀어내는 중심의 뜨거운 압력이 월등하게 강하다.

결국 지나치게 많은 욕심을 부렸던 초기 가스 구름은 제대로 수축하지도 못하고, 중심의 막강한 열과 압력에 의해 얼마 버티지도 못하고, 거대한 폭발과 함께 흔적도 없이 사라진다. 별을 만드는 데에는 소심함도 문제가 되지만, 한순간의 과한 욕심도 주의해야 한다.

별의 가스 물질을 중심으로 모아주는 중력과 바깥으로 밀어내는 압력이 평형을 이룰 수 있는 최대 밝기의 물리적 조건을 에딩턴 광도 한계Eddington Luminosity Limit라고 부른다. 이 한계값보다 별이 더 많은 열을 내고 더 밝아지게 되면, 초기의 가스 구름은 자신의 품속에서 끓어 넘치는 욕정을 주체하지 못하고 전부를 폭발시키고 만다.

이 때문에 자연스럽게 우주에는 별이 가장 무거울 수 있는 질량의 상한이 존재한다. 애초에 이론적으로 그 물리적 한계보다 더 무거운 별은 존재할 수가 없다. 그 어떤 가스 구름도 그 상한보다 더 무거운 질량을 갖고 있다면, 부담스러운 내부의 뜨거운 열과 압력을 충분히 버티고 정역학 평형을 안정적으로 유지할 수 없기 때문이다.

썸을 타다보면 혼자 너무 앞서갈 때가 있다. 그러다보면 상대를 멀리 날려보내는 실수를 저지르기도 한다. 만난 지 며칠 되지도 않았는데 지나친 스킨십을 시도하거나, 혼자 들떠 부담스러운 선물 공세를 하는 것이 그런 예가 될 것이다.

에딩턴 광도 한계를 넘어선 구애 활동은 썸남, 썸녀와의 관계를 도리어 멀어지게 만드는 팽창 압력이 될 뿐이다. 때를 기다리며, 차분하게 중력에 몸을 맡기고 그 혹은 그녀와 더 가까워질 때를 기다릴 필요가 있다.

아기 별이 되려는 시도

지금도 우주 곳곳에서는 계속해서 가스 구름이 수축하면서 새로운 아기 별이 되기 위한 시도를 하고 있다. 이처럼 가스가 수축하면서 별이 형성되는 거대한 분자 가스 구름LMC, Large Molecular Cloud은 우리은하 사방에 널려 있다. 공간을 떠돌던 거대 분자 구름이 내부의 중력에 의해 수축을 시작하면, 단순히 하나의 큰 덩어리로 모이는 것이 아니라 수축하는 과정에서 다시 더 작은 덩어리로 쪼개진다. 알알이 맺힌 포도송이처럼 작은 가스 구름 덩어리 여러 개가 수십, 수백 개로 계속 나뉘어진다. 이를 분화 과정Fragmentation이라고 부른다.

이처럼 거대한 분자 구름이 수축을 통해, 비슷한 장소에서 한꺼번에 여러 개의 별들이 부화된다. 갓 정역학 평형을 이루고 내부의 수소 핵융합 엔진이 가동되면 아기 별들이 주변 공간으로 첫 빛줄기를 우렁차게 내보내기 시작한다. 이때 거대한 가스 구름은 그 아기 별들을 한데 아우르는 둥지가 되어 앞으로 쭉 무사히 살아남은 별들의 안식처가 된다.

물론 그중에는 분화된 가스 구름의 질량이 부족해 갈색왜성이 되기도 하고, 가스 구름의 질량이 너무 커서 수축하자마자 폭발하면서 산산조각 나는 경우도 있다. 아기 별이 만들어질 때 그 초기 가스 구름의 질량이 너무 적거나 무거우면 별은 제대로 형성되지 못한다. 딱 그 중간의 범위에서만 제대로 된 별이 형성된다. 마치 군대 신체검사에서 체중이 신장에 비해 가볍거나 무게가 과도한 사람을 걸러내는 것처럼, 별의 세계에도 적당한 신체 조건의 범위라는 것이 존재한다.

일반적으로 초기 가스 구름 질량이 우리 태양의 10분의 1 정도보다 적으면 차갑게 식어버린 갈색왜성이 되고, 태양보다 100배 이상 무겁다면 안정된 별이 되지 못한 채 금세 터져버린다.

이 현장은 끝내 정역학 평형에 성공한 별과 그렇지 못한 가스 덩어리가 뒤죽박죽 뒤섞여 울부짖는, 혼란의 애정촌이 되어버린다. 이 애정촌에서 끝내 무사히 사랑의 핵융합을 가동하는 데 성공한 아기 별은 약 수십에서 수백, 많게는 수천여 개에 이른다.

갓 태어난 뜨겁고 어린, 파릇파릇한 별들은 주변 공간을 향해 아주 강한 항성풍과 에너지를 토해내면서 주변에 남아 있던 가스 물질들을 서서히 밀어낸다. 이 과정에서 갓 태어난 아기 별들의 강한 항성풍이 주변 먼지 구름에 멋진 조각 작품을 남기곤 한다.

별이 될 운명

안정적으로 별의 불씨를 켜기 위해서는 수소 핵융합을 일으킬 수 있는 정도의 뜨거운 용기가 필요하지만, 그 용기가 지나쳐 별이 폭발하지 않도록 조절할 수 있는 자제력도 필요하다. 적당한 질량과 온도 조건을 갖춘 별로서 인생을 화려하게 불사를지, 아니면 목성의 운명처럼 미적지근한 갈색왜성이 되어 어둠 속으로 사라질지, 그것도 아니면 과욕의 대가로 곧바로 터져버릴지……. 그 오묘한 경계를 넘나들며 이 우주는 우리에게 오묘한 사랑의 완급 조절에 대한 교훈을 전해주고 있다.

별이 될 수 있는지 없는지, 그리고 그 별이 앞으로 얼마나 오래 빛날 수 있는지는 모두 아주 처음에 그 별이 만들어지기 시작할 때 결정되는 셈이다.

천문학자들은 별이 형성됐을 때 그 아기 별의 질량이 얼마나 무거운지를 살핀다. 연애 고단수가 다른 커플들의 앞날을 내다보듯, 앞으로 그 별이 어떤 인생을 살게 될지를 천체물리학적으로 꽤 정확하게 예측할 수 있다.

썸을 타다가 연인 관계로 발전하고자 두근거리는 마음으로 눈치를 보기 시작할 때, 이미 중력과 압력의 아슬아슬한 줄다리기는 시작된다. 바로 그 처음 순간에 어떤 마음가짐을 갖고 출발하는지에 따라 썸의 흥망성쇄가 결정되는 것은 아닐까.

지금도 우주 곳곳에는 별이 되지 못한 별 지망생들과 그 잔해가 외롭게 우주의 어두운 구석을 채우고 있다. 우주에는 참 많은 종류의 천체들이 섞여 있다. 핵융합과 정역학 평형에 성공해 화려하게 빛나는 별들, 그리고 완급 조절에 실패한 낙오 천체들의 흐릿한 푸념들. 하지만 애석하게도 우리의 망원경에는 밝게 빛나는 별들의 모습만 고스란히 담길 뿐이다.

02

태양의 주기적인 피부 트러블

요즘은 거울을 보면 한숨 먼저 나온다. 나도 불과 몇 년 전까지만 해도 또래에 비해 뽀얗고 하얀 피부를 자랑했다. 그러나 헌내기가 되고 온갖 고초를 겪으면서 얼굴에 서서히 풍화 침식의 흔적이 남기 시작했다. 대학원에 들어와 때를 놓친 밥 대신 밤샘 연구를 밥 먹듯이 하다보니, 내 호르몬은 그 과오를 놓치지 않고 내 지나온 시간을 고스란히 피부 바깥으로 보여준다. 데이트를 앞둔 내 손 끝에 만져지는 내 얼굴의 거친 표면은 자괴감만 안겨줄 뿐이다. 그러다 하늘을 올려다보니 무릎이 탁 쳐지며 위로가 된다. 모쏠 태양의 얼굴이 기억났기 때문이다.

태양의 얼굴에서 발견되는 쌀알무늬

연예인들은 참 좋겠다. 나도 누군가 일거수일투족 쫓아다니면서 외모 관리를 해주면 좋겠다.

천문학자 중에는 유명 연예인의 코디나 매니저처럼 스타Star의 꽁무늬를 쫓아다니며 외모를 매일매일 체크하는 사람들이 있다. 그 스타의 정체는 바로 우리 태양계의 유일한 별, 태양이다.

우주에는 태양과 같은 별들 천지다. 하지만 전부 다 먼 거리에 있다. 수십, 수백 광년 거리에 떨어져 있기 때문에, 아주 작은 점으로 보일 뿐이다. 아무리 큰 망원경을 이용해 시야 중심에 별을 맞춰놓고 바라봐도 작은 점으로만 보인다. 너무 멀어서 아무리 들여다봐도 표면을 세세하게 관찰하는 일은 불가능하다. 그나마 우리 태양계의 중심에 놓인 태양만이 비교적 아주 가까운 거리에 있기 때문에, 점이 아닌 크고 밝은 원반으로 하늘에서 우리를 비추고 있다. 태양은 우리가 낮에 볼 수 있는 유일한 별이자, 그 외모를 자세하게 들여다볼 수 있는 유일한 천체다.

가끔 날이 맑은 밤하늘 아래 공터에서 망원경들을 설치해놓고, 시민들에게 별들을 보여주는 행사에 일손을 거들 때가 있다. 그때 많은 사람이 망원경으로 별을 보다 실망하는 모습을 종종 본다. 평소에 보기 어려운 비싼 장난감 망원경의 등장에, 사람들 대부분은 접안렌즈 속에서 영화와 같은 화려한 우주가 펼쳐지기를 기대하지만, 너무나 먼 천체 모습은 아주 작고 희미할 뿐이다. 그동안 상상하거나 미디어를 통해 본 광활하고 장엄한 우주는 없다. 시시해 보일 정도다. 그래서 사람들은 실망하고, 나 같은 천문학도나 학자는 시민들의 그런 모습에 실망한다. 실제로는 훨씬 거대하고 밝은 가스 덩어리들에 비해, 고작(?) 38만 킬로미터 떨어진 못생긴 돌맹이 달이 훨씬 더 인기가 많다.

이런 거리상의 이유로 우주 대부분의 별은 그 겉모습을 들여다보는 것조차 허용되지 않는다. 그저 유일하게 피부 상태를 체크할 수 있는 태양에서 얻은 자료를 바탕으로, 다른 별들도 비슷하겠거니, 하고 가정할 수밖에 없다. 피부과에 가면 카메라를 피부에 바짝 붙여 살결의 주름 사이사이와 피부 조직을 보여주는 것처럼, 천문학자들의 지나친 관심은 태양 코앞까지 태양만 바라보는 탐사선들을 몇 개 보내, 그 주변을 맴돌게 만들었다.

대표적으로 1995년에 발사된 탐사선 소호SOHO, Solar and Heliospheric Observatory와 2006년 발사된 쌍둥이 위성 스테레오STEREO, Solar Terrestrial Relations Observatory A와 B 한 쌍이 있다.

소호는 지구와 태양 사이에 놓여 있다. 이 지점은 지구와 태양이 탐사선을 끌어당기는 각각의 중력이 균형을 이루는 지점이다. 스테레오 탐사선 두 대는 태양에서 지구가 떨어진 만큼의 간격에서 태양을 바라보며 맴돌고 있다. 지구와 같은 궤도에 놓인 작은 인공 행성인 셈이다. 이들은 태양 주변을 계속 맴돌며 태양의 외모 변화를 모니터링한다.

겉으로 보기에는 태양도 행성처럼 딱딱한 표면을 가진 거대한 구체처럼 보이지만, 공중에 떠 있는 구름처럼 우주 공간에 떠서 둥글게 뭉쳐진 가스 덩어리다. 만약 태양의 뜨거운 온도에 버틸 수 있는 우주선이 있다면, 비행기가 구름을 뚫고 통과하듯, 태양을 뚫고 지나갈 수 있을지도 모른다. 즉 엄밀하게는 태양에는 딱딱한 표면이 없다. 다만 태양은 구름과 마찬가지로 기체 입자들이 빽빽하게 모여 있어서, 그 속을 들여다볼 수 없을 뿐이다. 천문학자들은 이런 가스 덩어리들이 너무 짙게 뭉쳐 있어서 내부가 보이지 않게 되는 시점부터를 별의 표면이라고 한다.

해바라기처럼 태양을 계속 바라보는 탐사선들의 눈을 통해 태양의 표면을 크게 확대해서 바라보면, 피부과에서 볼 수 있는 확대된 피부결의 모습과 아주 비슷하다. 부글부글 끓고 있는 가스 덩어리 태양의 표면도 사람처럼 작은 피부 조직들로 자잘자잘하게 나뉘어 있다. 마치 좁쌀들을 뿌려 얇게 펼쳐놓은 듯 보인다고 해서, 쌀알무늬Granule라고 부른다.

물론 태양이 우리의 거친 피부처럼 정말 자글자글한 조직으로 덮여 있는 것은 아니다. 태양은 아주 뜨겁게 펄펄 끓고 있는 가스 덩어리인데, 그 중심의 온도는 무려 1,500만 도에 달한다. 점점 표면으로 올라오면서 온도가 서서히 떨어지지만, 표면의 온도는 6,000도를 웃돈다. 내부의 뜨거운 온도 때문에, 태양은 끓는 물처럼 펄펄 끓어오르고 있다.

이 뜨거운 태양 깊은 곳에서 표면 밖으로 가스 물질이 솟아 올라왔다가, 다시 시간이 지나 식으면서 아래로 가라앉는 대류 현상이 표면 전체에서 벌어진다. 라면을 끓이다가 냄비가 보글거리기 시작할 때 뚜껑을 열어보면, 풀어진 라면 가닥들이 물의 대류 흐름을 따라 위로 올라왔다가 가라앉기를 반복하는 것을 볼 수 있다. 쌀알무늬의 오밀조밀하게 모여 있는 조각 하나하나는 모두 이 라면 냄비처럼 하나의 대류 세포를 위에서 바라본 것이다.

피부를 보면 대략적인 건강 상태를 파악할 수 있다. 며칠만 밤새고 몸을 혹사시키면, 그 참혹한 대가는 고스란히 피부로 나타난다. 우리의 몸속 혈액을 따라 흐르는 호르몬에 따라 민감하게 반응하는 피부처럼, 태양의 건강 상태도 그 표면의 얼굴을 보면 대략적으로 파악할 수 있다.

태양의 얼굴 이야기를 한 김에, 여드름과 같은 피부 트러블의 원인을 예로 들어보는 것이 좋겠다. 한의학에서는 열이 몸속에서 폭발하면 여드름이 생긴다고 한다. 피부과에서는 스트레스나 수면 부족에 의한 호르몬 이상으로 진단한다. 동서양의 의술 모두 표현의 방식만 다를 뿐, 몸속의 흐름이 비정상적으로 꼬이고 뭉치면서 건강 상태가 불안정하면 얼굴을 스크린 삼아 생중계된다고 진단하는 셈이다.

쌀알무늬로 덮인 태양 표면 위로 화염이 활활 타오르는 모습을 본 적이 있을 것이다. 이 화염은 솜털처럼 태양 표면 전체를 덮고 있다. 또 가끔 여드름 터지듯 큰 폭발과 함께 우주 공간으로 태양의 뜨겁고 해로운 분비물을 발사하는 사고를 내기도 한다. 이런 현상을 플레어Flare라고 부르는데, 이를 통해 번쩍 하는 밝은 섬광과 함께 태양 물질이 분출된다. 이런 여드름 폭발이 벌어지는 현장에서는 여드름의 흉이 지듯, 어둑한 검버섯 같은 반점들이 발견된다. 모두 예민한 태양의 피부에서 바람 잘 날 없이 벌어지는 트러블들이다. 강렬한 태양빛의 자외선이 피부에 해로운 이유는 어쩌면, 그 안에 자신의 피부 트러블에 한탄하는 50억 년 째 모태 솔로 태양의 히스테리가 가득 담겨 있기 때문은 아닐까.

가끔 페이스북과 같은 소셜 미디어에서 피부 개선 화장품 광고를 접할 때가 있다. 테이프, 비누, 크림 같은 것을 바르고 나니 며칠 후 붉게 물들어 있던 피부가 말끔해졌다는 마법 같은 광고들에서 눈을 떼기가 어렵다.

지하철이나 버스에서 쉽게 볼 수 있는 자칭 여드름 전문 병원들의 자극적인 광고들을 보다보면, 나는 어쩌다 이 피부 질환으로 얼굴이 뒤덮이게 됐는지 생각해보게 된다. 그럼 내 신세가 참 안타깝게 느껴진다. 하지만 긍정적으로 생각해볼 수도 있다. 여드름은 내 몸속의 남성 호르몬이 펄펄 끓어오르며, 열심히 나를 성숙하게 만들어가고 있음을 의미하기도 한다. 그 결과가 썩 마음에 들지는 않지만, 내가 남성으로서 살아 있음을 증명하기도 하는 것이다.

데일 F. 블룸은 젊은 시절 어줍잖은 상대를 만나 후회할 연애를 미연에 방지하기 위해, 청소년 시절 나의 외모를 잠깐 망가뜨려놓는 역할을 하는 것이 바로 여드름이라고 했다. 참 그럴싸하고 재미있는 발상이다.

이처럼 태양의 표면에서 매일 벌어지는 크고 작은 폭발과 검은 얼룩들은, 태양이 한창 뜨겁게 타오르며 청춘기를 보내고 있는 가스 덩어리라는 것을 입증하는 아주 자연스러운 생리 과정이기도 하다.

태양은 살아 있다. 나도 당신도 살아 있다. 우리 피부가 못생긴 것은 단지 우리가 살아 있기 때문이다. 어쩔 수 없다. 유독 열심히 일하고 있는 당신의 호르몬의 운명을 받아들일 수밖에.

태양을 예민 왕으로 만드는 호르몬 불균형

태양을 비롯한 우주의 모든 별들은 뜨겁게 녹아 있는 중심의 금속 물질에 의해 주변에 거대한 자기장이 형성된다. 별들의 경우, 별 내부 전역을 휘감고 순환하는 자기장이 호르몬과 비슷한 역할을 한다고 볼 수 있다. 스스로가 거대한 하나의 자기장 발전기인 셈이다.

태양을 주변에서 에워싸고 빙 둘러져 있는 자기장 다발은 태양이 자전하는 동안 시시각각 요동친다. 일부는 매듭이 지기도 하고 꼬이기도 한다. 꼬인 정도가 너무 심해지면 안쪽에 뭉쳐져 있던 자기장이 표면 바깥까지 삐져나오는 경우도 있다. 이렇게 새어 나온 자기장은 태양의 깊은 곳에서 끓어오르는 열을 참지 못하고 표면으로 기어 나오려고 하는 상승 기류를 억제한다. 마치 꽉 찬 쓰레기통에 공간을 만들기 위해 위쪽을 밟는 것처럼, 내부의 뜨거운 물질이 표면으로 올라오지 못하도록 흐름을 막는 피지의 역할을 한다.

자기장이 이렇게 방해를 하면, 뜨거운 물질의 상승 기류가 억제된 부분에는 뜨거운 물질이 채워야 할 자리에 공백이 생긴다. 정상적으로 대류 현상이 벌어지는 주변 지역에 비해 상대적으로 온도가 낮아지면서 겉으로 볼 때 검은 반점처럼 보이게 되는데, 이것이 바로 태양 얼굴에 남는 검버섯, 흑점Sun Spot이다.

흑점 하나는 지구가 통째로 5개는 들어가고도 남을 만큼 크다. 태양의 용안이 워낙에 거대하다보니, 태양의 입장에서 봤을 때나 점처럼 작게 보일 뿐이지, 아주 커다란 얼룩이다.

흑점이 만들어진다는 것은, 그곳에 자기장이 너무 과하게 뭉쳐 꼬여 있음을 의미한다. 얼마 지나지 않아 자기장이 강하게 꼬여 있던 흑점 부근에서 자기장 가닥이 끊어지게 되고, 뱅뱅 꼬아놨던 고무줄 매듭이 끊어지며 튕기듯 자기장이 큰 반동을 일으킨다. 그러면서 태양 바깥으로 뻗어나간다. 그 흐름을 따라 큰 폭발과 함께 태양 표면의 고에너지 입자들이 분출된다. 이것이 바로 가끔 해바라기 탐사선들에게 생생하게 기록되는 태양 폭발의 정체다.

운이 좋지 않으면 태양 여드름에서 발사되어 날아오는 이 태양

분비물이 우리 지구를 덮치는 경우도 있다. 그 영향은 생각보다 아주 강력하다. 지구 주변을 돌고 있는 민감한 전자기기인 인공위성이 가장 먼저 반응한다. 이 때문에 위성 통신이나 전기망이 마비되어, 대정전 사고가 발생한 사례도 많다.

기술이 과거에 비해 더 정교하고 예민해지면서, 과거에는 신경 쓰지 않았던 태양님의 주기적인 히스테리까지도 신경 써야 할 일이 되어버렸다. 때문에 우리는 태양의 피부를 감시하고, 한창 질풍노도의 시기를 겪고 있는 예민왕 태양의 감정 상태를 살피는 것이다. 천문학적 규모의 돈을 들여 집중 케어를 받는 태양. 어느 연예인 부럽지 않다.

여성의 경우 한 달에 한 번씩 주기적으로 찾아오는 호르몬 이상 현상으로, 안과 밖에서 많은 변화가 일어난다. 정말 신기하게도, 가족을 비롯한 주변의 여성들을 보면 인간의 생체 리듬은 정말 정확한 것 같다. 이런 불쌍한 호르몬의 숙주들…….

주기적으로 발생하는 호르몬의 장난질은 얼굴에 숨어 있는 휴화산들의 잠을 깨우고, 붉게 차오르게 만든다. 안 그래도 예민한 시기에 얼굴까지 말썽이다. 스트레스로 인한 스트레스가 대뇌의 전두엽을 스칠 것만 같다.

흥미로운 것은, 태양의 얼굴 트러블도 일정한 주기를 갖고 발생한다는 점이다. 이 뜨겁고 거대한 가스 용광로의 자기장의 활동이 잠잠한 시기가 있고 또 유독 왕성한 시기가 있다. 이 들쭉날쭉한 태양 자기장의 활동은 주기적으로 반복된다. 태양의 자기장이 활발해지면, 그 영향은 고스란히 피부로 새어 나온다. 자기장의 폭발과 끊김 현상이 더 잦아지고, 곳곳에서 검은 얼룩과 여드름 폭발로 얼룩진다.

반대로 태양의 활동이 잠잠한 시기에는 쌀알무늬로 자글자글할 뿐, 흑점이나 플레어가 거의 관측되지 않는다. 실제로 수세기에 걸쳐 기록된 태양 표면의 흑점의 개수 분포를 쭉 비교해보면, 약 11년을 주기로 흑점의 수가 많아졌다가 줄어들었다가를 반복하는 것을 알 수 있다.

왜 태양의 히스테리가 이런 바이오리듬을 갖게 됐는지는 아직 정확하게 원인이 밝혀지지 않았다. 확실한 것은 그저 태양의 호르몬 이상은 11년이라는 아주 긴 주기로 찾아온다는 것뿐이다. 드문드문 찾아오는 태양의 느린 템포가 부러운가? 그럴 필요 없다. 태양은 앞으로 50억 년을 더 이렇게 살아야 하니까.

2014년 태양을 바라보던 탐사선들에 의해 아주 이례적일 정도로 강한 에너지를 내뿜으며 터진 플레어가 관측된 적이 있다. 이런 치명적인 플레어들은 X급 플레어^{X-Class Flare}라고 부른다.

이 플레어가 폭발했던 자리에는 정말 거대한 흑점도 함께 발견됐다. 활동 지역 AR2192로 불렸던 이 흑점은 그 전체 크기가 목성에 맞먹을 정도로 워낙에 거대하다. 그래서 지구에서 찍은 태양 사진에서도 고스란히 검은 얼룩으로 그 모습이 담길 정도로 컸다. 이 당시의 플레어와 흑점은 역대급 검버섯으로 기록됐다.

얼굴이 인생의 큰 부분을 결정하는 시대다. 우리는 지극히 외모지상주의의 세상에서 살고 있다. 이제는 외모도 자신의 가치를 나타내는 중요한 척도가 됐다.

특히 그중에서도 피부의 상태는 외모의 전체적인 점수에 아주 큰 영향을 끼친다. 이목구비가 아무리 뚜렷해도, 푸석하고 울퉁불퉁한 피부는 그 점수를 다 깎아먹는다. 피부의 상태가 바로 얼굴의 겉보기 나이, 노안과 동안의 여부를 판가름하는 데 아주 중요한 잣대가 된다. 조금이라도 더 젊어 보이기 위해 피부를 관리한다. 한때 젊은이들의 성형을 욕하던 어르신들이 이제는 보톡스로 주름을 펼 정도니까.

옆에 다른 별이 함께 파트너로 쌍을 이루고 맴돌고 있는 쌍성의 경우에 이런 회춘의 기회가 주어진다. 태양은 여러모로 참 불쌍하다.

쌍성의 경우, 유독 서로 바짝 달라붙어 있는 알콩달콩한 경우가 있다. 이들은 서로를 잡아당기는 중력이 너무나 끈적하다보니, 서로의 중력으로 물질을 주고받는다. 짝을 이루고 있는 둘 중 먼저 나이가 든 별이 우선 작고 노쇠해진다.

상대적으로 아직 파릇파릇한 별은 젊고 거대한 별로 천천히 성숙해진다. 그때 빠르게 노화를 겪어 작게 응축된 별은 자신의 강한 중력으로 옆에 있는 파트너의 물질을 쪽쪽 빨아먹기 시작한다. 한동안 시들시들해졌던 늙은 별의 엔진에 다시금 새로운 물질들이 유입되면서, 그간 소진됐던 땔깜이 다시 보충된다. 그렇게 엔진이 다시 가동되고 에너지를 내뿜으면서 마지막 불씨를 뜨겁게 태운다. 젊은 여자들의 피를 빨아 먹으며 영원한 젊음을 영유하는 드라큘라와 비슷하다. 자신의 살점을 떼어줄 정도의 지극정성과 희생이 있기에, 노안이었던 별은 다시 동안으로 돌아온다.

연애를 하면서 느낀 좋은 점 중 하나는, 나에게 하나하나 신경써주는 사람이 곁에 있다는 것이다. 그 덕분에 새로 깨닫게 된 사실이 있는데, 내 못난 외모는 피부 탓이 아니었다.

이런 직접적인 관리뿐 아니라, 사랑을 하면서 내 몸속에서 분비되어 곳곳을 흘러다닐 긍정의 호르몬 역시 피부 상태를 다시 개선시키는 데 큰 도움이 되지 않았을까? 친구들이 연애를 하면서, 외모에 있어 크게 진일보를 하는 경우를 볼 때가 있다. 분명 사랑을 시작하는 것만으로도 사람은 더 젊어지는 것 같다.

사랑을 할수록 더 예뻐진다는 말은 지난 130억 년 간 우주가 증명해온 진리일지도 모르겠다. 사랑은 별도 회춘하게 만든다. 아름답고 싶다면 사랑을 시작하자. 이것이 바로 천문학자들이 찾아낸 사랑의 법칙이다.

03

아폴로 미션의 인증샷 논란

요즘 많은 사람들이 커플이 되자마자 하는 일 중에는 어떤 것이 있을까? SNS에서 달달한 커플 사진으로 연애를 인증하는 것만큼 뿌듯한 첫 인사가 또 있을까 싶다.

내 친구 중에는 솔로 탈출 가능성이 제로에 가깝다고 놀림받던 아이가 있었다. 그런데 어느 날 미모가 빼어난 여자가 친구의 프로필 사진 속 한 켠을 차지하고 있었다.

친구가 그녀를 우리 앞에 데려올 때까지도 우리는 그 친구의 말을 완전히 믿지 않았다. 그런데 이와 비슷한 경우가 천문학계에서도 일어났다.

아폴로 미션의 속사정

온라인에서 크게 주목받던 사진이 하나 기억난다. 스포츠 운동화를 신고 있는 두꺼운 다리와 함께 발끝을 올리고 있는 가느다란 여성의 다리가 함께 찍힌 사진. 얼핏 보기에는 키 차이가 꽤 나는 남녀가 키스를 나누는 모습의 일부 같다. 까치발을 올리고 있는 여성과 그 여자를 마주보고 있는 남자의 발 부분을 담은 것처럼 보이는 사진이다. 하지만 여기에는 아주 슬픈 비밀이 숨어 있다. 사실은 한 남성이 양손에 여성용 신발을 끼고, 허리를 숙여 팔을 뻗어 찍은 사진이다. 키스라는 달콤한 스킨십을 해보고 싶었던 솔로 남성이 연출한 슬픈 행위 예술인 셈이다. 이처럼 요즘은 그 사진이 완성된 과정을 다 확인하지 못하면, 사진에서 보이는 모습을 믿을 수 없는 시대가 됐다.

사람이 손으로 그림을 그렸던 회화의 시대를 넘어, 빛의 흔적을 기록하는 사진의 시대를 맞이했다. 우리는 있는 그대로의 모습을 아주 간편하게 현장에서 그림에 남길 수 있는 기술을 얻게 됐다. 현장을 고스란히 종이 위에 남기는 역할은 사진기에게 바통을 넘길 수밖에 없었고, 화가들은 사진으로 재현할 수 없는 추상화의 영역으로 대피했다. 그동안 색감을 옮길 수 없었던 사진 기술은 결국 그 미세한 색감의 차이까지 필름에 옮길 수 있게 됐다. 나아가 이제는 사진관에 필름을 맡기고 며칠을 기다리지 않아도, 바로 현장에서 사진의 결과를 확인할 수 있다. 예술적으로 사진을 보정할 수 있는 디지털 기술까지 발전하게 됐다.

이렇게 사진이 현장을 그대로 기록하던 기능에서 멈추지 않고 수정과 편집이 가능한 일종의 예술의 영역으로 다시 진화하면서, 사람들은 사진에 담긴 장면을 무조건 신뢰할 수 없게 됐다. 얼마 전까지만 해도 사진이나 영상은 어떤 쟁점에 대해 반박할 수 없는 명백한 증거가 됐지만 지금은 그것으로도 부족하다. 사진과 영상 자체도 조작이 의심되는 대상이 될 수 있다. 특히 관측이라는 과정을 통해 모든 자료를 사진과 영상이라는 형태로 정리할 수밖에 없는 천문학에 있어, 이런 의심쟁이들을 상대하는 것은 여간 까다로운 일이 아니다.

처음부터 믿지 않기로 작정한 사람들에게 사진과 영상은 아무런 역할을 하지 못한다. 그리고 증거에 대한 불신 때문에, 영원히 고통 받는 불쌍한 사람들이 있다. 바로 달에 착륙했다고 알려진 아폴로 우주인들의 이야기다.

1969년 7월 20일, 당시 지구에 살고 있던 대부분의 사람들은 각자의 TV를 통해 인류가 최초로 지구가 아닌 어딘가에 발자국을 남기는 장면을 생중계로 지켜봤다. 그 무대는 바로 달.

항상 밤하늘을 밝게 비추며 머리 위에 덩그러니 떠 있는 달은 지구에 살고 있는 우리에게 가장 가까운 천체이자, 가장 신비로운 대상이었다. 분명 밤하늘에 떠 있는 천체이지만, 그나마 다른 천체들에 비해 너무 멀지만은 않은, 그래서 조금만 노력하면 정말 닿을만 한 거리에 있는 것처럼 보였기 때문에, 달을 정복한다는 것은 당시 우주 개발 경쟁의 아주 좋은 평가 기준이 됐다.

미국과 소련을 중심으로 당시 우주 개발의 경쟁을 주도했던 세력들은 과연 누가 먼저 달에 정말 사람을 보내 다시 귀환시킬 수 있을지를 두고 긴 신경전에 들어갔다. 당시 미국의 대통령이었던 존 F. 케네디는 공식 연설에서 1970년이 되기 전 미국은 꼭 달에 갈 것이라고 대국민 약속까지 해버렸다. 그것은 국민들에게 던지는 호언장담이 아니라 무조건 제 시간에 성공시키라는 엔지니어들을 향한 압박의 의미였을 것이다. 그때 NASA 작업실에서 울려퍼졌을 과학자들의 한숨 소리가 지금까지도 들리는 듯하다.

그렇게 달에 인류를 보내겠다는 당찬 포부와 함께 시작된 아폴로 미션은 1호부터 시작해 10호에 이르기까지 조금씩 달 궤도에 가까이 다가갔고, 성공에 가까워졌다. 10회에 이르는 연습 과정을 거쳐 드디어 사람을 싣고 달의 코앞까지 갔다가 무사히 지구로 돌아오는 실험까지 성공적으로 마무리했다. 이제 문제는 정말로 사람의 발이 달 표면에 닿게 하는 것, 그리고 그들을 무사히 지구로 데려오는 것이었다.

닐 암스트롱Neil Armstrong, 1930~2012년, 버즈 올드린Buzz Aldrin, 1930년~과 마이클 콜린스Michael Collins, 1930년~. 30년생 동갑내기 우주인들은 함께 달에 발을 디디러 올라가는 명예로운 미션에 참여하게 된다.

그리고 다행히 그들은 무사히 달에 착륙했고, 또 무사히 지구로 돌아왔다. 세 사람은 우주에서 겪은 생생한 이야기를 지구에 남아 있던 다른 지구인들에게 전해주며 달 외교관의 역할을 톡톡히 수행해왔다.

그런데 이들이 돌아온 지 얼마 지나지 않아 그들의 기행문이 조작됐다는 음모론이 나왔고, 그 음모론은 큰 호응을 받고 있다. 심지어 당시 아폴로 착륙선을 실은 새턴Saturn 로켓을 발사한 곳도 아니고, 부품 하나 참여 안 한, 전혀 상관없는 우리나라 사람들도, 아직까지도 달 착륙하면 먼저 음모론과 관련된 이야기를 꺼낼 정도니까. 달 착륙 음모론자들의 영원한 레퍼런스가 되는 「서프라이즈」 같은 TV 프로그램을 탓할 수밖에.

결국 우주선 근처에도 갈 수 없는 대중에게 전해질 수 있는 증거 자료는 달에서 우주인들이 작업하며 남긴 사진과 영상 자료뿐이다. 음모를 주장하는 사람들은 그 자료 속에서 무언가 미심쩍은 부분들을 찾아내며, 그것을 근거로 그 영상과 사진 자료가 달이 아닌 지구의 어딘가 스튜디오나 세트장에서 촬영됐다는 주장을 펼친다. 잠깐 침착하게 음모론자들의 이야기를 듣다보면, 나름대로 과학적인 용어와 논리가 있다는 것을 알 수 있다.

그렇기에 더 매력적이고, 과학을 전공하지 않은 일반 사람들이 얼핏 듣기에는 정말 그럴싸한 부분들도 있다. 그들의 아폴로 음모론 자체도 이론으로서 꾸준히 성장하고 진화해왔기 때문이다. 하지만 그것들은 대부분 지극히 지구인의 입장에서 달을 바라봤기 때문에 생긴 오개념이다. 달을 달 자체로 바라보지 않고 자신이 살고 있는 지구와 똑같은 상황 속에서 상상했기 때문에 빚어진 실수가 대부분이다.

인증샷 하나를 위한 별별 노력

우주인은 자신의 목적지에서 인증샷을 남기기 위해 별별 노력을 다 한다.

하지만 아폴로 미션의 사진에는 무언가 어색한 점들이 있는 듯 보였다. 음모론자들의 주장에 따르면 아폴로 미션 사진에 펄럭이는 깃발이 담겨서는 안 된다. NASA 측의 실수로 사진에 고스란히 담긴, 바람에 흔들리는 깃발에 대한 문제가 있다. 음모론자들의 주장에 따르면 당연히 달은 지구와 달리 대기권이 거의 없고 따라서 바람도 불지 않기 때문에, NASA가 공개한 영상에서처럼 깃발이 펄럭이는 것은 불가능하다는 것이다.

달은 지구에 비해 크기가 반에 반만큼 작다. 그렇게 작은 크기의 천체는 태양계 어느 곳이든 자기 주변에 대기 기체 가스를 충분히 붙잡을 만한 중력이 부족하기 때문에, 이런 작은 천체들은 대기권을 갖고 있지 못하다. 지구의 경우 어느 정도 강한 중력으로 주변에 충분한 두께의 대기권을 유지하고 있고, 그 덕분에 우리를 비롯한 많은 생명체가 숨을 쉬고 살 수 있다. 또 가끔씩 떨어지는 운석들을 대기권에서 불태우며 지켜주는 보호막 역할도 한다.

반면 대기가 없는 달의 경우, 이런 우주 쓰레기들의 공격에 무방비로 노출되어, 표면에 상처가 생긴다. 더불어 대기가 없고 바람도 불지 않기 때문에 풍화작용도 일어나지 않아서, 한번 생긴 상처는 거의 영원히 사라지지 않고 고스란히 그 자리에 남는다. 그래서 우리가 보는 달이 얼룩지고 울퉁불퉁한 것이다. 따라서 간단히 생각하면 바람이 불지 않기 때문에 우리가 잘 알고 있는 사진 속에서처럼 성조기가 멋지게 펼쳐져 있을 수 없을 것 같다.

음모론자들의 말이 어느 정도는 사실이다. 달에 깃발을 그냥 가지고 가면 언론에 공개됐던 사진처럼 성조기가 멋지게 펼쳐져 있을 수 없다. 당시 우주인들도 이와 비슷한 고민을 했다.

기왕 비싸게 많은 예산을 들여 미국이 자랑스러워 할 달 착륙이라는 역사를 쓰게 될 텐데, 바람이 불지 않는 달의 환경 탓에 달 표면 위에서 성조기가 멋지게 펄럭이는 장면을 연출할 수 없었다.

달에서도 지구보다 1/6정도 약한 중력만 작용하기 때문에, 만약 그냥 기다란 막대기에 세로로 깃발 천을 꽂아놓으면, 약한 중력에 의해 아래로 축 처진 천만 사진에 담게 된다. 그래서 그들은 미국의 성조기가 멋지게 펼쳐진 것처럼 하기 위해서 천을 가로로 지탱하는 막대기를 추가로 연결했다. 깃발이 넓게 펼쳐져 있는 모든 인증샷 속 깃발을 잘 살펴보면, 깃발 천의 위쪽에 막대기가 가로로 꽂혀 있는 것을 확인할 수 있다. 인증샷을 위해 잘 펴지지도 않는 깃발을 겨우 펼쳐놓았더니, 오히려 그것이 달에 간 척한다는 조작설의 대표적인 증거가 되어 돌아왔다. 그 당시 달에서 굳이 깃발 사진을 찍겠다고 두꺼운 우주복 장갑에 얇은 천을 들고, 뒤뚱뒤뚱 걸어다니며 힘들여 막대기를 꽂고, 깃발을 매달아놓았을 우주인들 입장에서는 얼마나 억울하겠는가?

두 번째로 많이 지적되는 것은, 사진에 담겨야 하는데 담기지 않은, 밤하늘 배경 속의 별빛이다. 두꺼운 대기층으로 덮인 지구의 하늘에서도, 날씨만 좋으면 굳이 시골까지 내려가지 않아도, 서울 근교에서도 충분히 아름다운 별빛을 간간히 볼 수 있다. 도시 불빛이 사라진 지역으로 가면, 하늘에서 쏟아지는 별빛에 우리가 감동하는 건 시간문제다. 그렇다면 하늘에서 별빛을 가릴 구름도 없고, 대기도 없는 달에서 밤하늘을 찍는다면, 당연히 지구에서 찍는 것보다 더 쉽게 많은 별들을 봐야 하지 않을까. 지구 바깥에서 우주 그 자체를 찍는 것이니까!

아쉽게도 눈으로 밤하늘을 즐길 때와 그것을 사진으로 남길 때에는 차이가 있다. 아무리 정교하게 만들어진 사진이라 하더라도, 우리의 눈만큼 민감하고 정교한 카메라는 없다. 우리도 간혹 하늘에 떠 있는 아름다운 달이나 별빛을 페이스북에 자랑하고 싶어 휴대전화를 꺼내보지만 눈에 보이는 것만큼 잘 담기지 않아 애를 먹었던 경험이 있을 것이다.

영상을 기록하기 위해서는, 사람의 눈동자에 해당하는 카메라의 렌즈를 통해 미세한 빛을 모아 필름에 남기는 과정을 거쳐야 한다. 그런데 밤하늘의 희미한 별빛처럼 그 빛의 양이 미미할 때는 기록이 불가능하다. 이렇게 약한 빛을 제대로 담기 위해서는, 카메라가 오랫동안 눈을 뜨고 있어야 한다. 깜빡이면 안 된다는 뜻인데, 오랜 시간 카메라의 셔터막을 열어 빛을 이미지 센서에 기록하는 원리다. 흔히 장노출Long-Exposure이라고 부른다.

우리가 간혹 보게 되는 유명 천체 사진작가들의 멋진 밤하늘 사진도 모두 이런 원리로 촬영된 것이다. 우리가 디지털 카메라를 들고 낮 시간에 밝은 외부에서 사진을 찍을 때는 셔터가 닫히는 소리가 아주 짧게 순식간에 찰칵하고 끝나지만, 빛이 부족한 어두운 밤이나 실내에서 사진을 찍게 되면, 조금이나마 빛을 더 오래 모으기 위해 카메라가 자동으로 셔터를 늦게 닫는다. 차알-칵 하면서, 사진 찍는 소리가 약간 늘어졌던 기억이 있을 것이다. 같은 원리다.

당시 아폴로 우주인들은 햇빛이 비치는 달의 표면 위에서 작업을 수행하고 있었다. 햇빛을 받는 달의 낮에 해당하는 표면, 즉 보름달에 발을 직접 대고 올라가 있는 셈이다. 지구에서 약 38만 킬로미터, 그 사이에 지구가 30개가 넘게 들어갈 정도로 먼 거리에 있는데도 밝게 보이는데, 그 밝은 보름달에 직접 발을 대고 서있었다면 그 밝기는 엄청났을 것이다.

산악인은 반사율이 높은 설산에 오를 때 눈과 피부의 화상을 피하기 위해 두껍게 코팅된 고글을 쓴다. 당시 우주인에게 대기권 없이 바로 투과되는 태양빛뿐 아니라, 그 햇빛을 고스란히 반사시키는 발아래 달 표면의 밝은 빛 역시 치명적일 정도로 밝았다. 그 위에서 자신들이 힘겹게 작업하고 있는 모습을 인증샷으로 필름에 남기기 위해서는, 노출 시간이 길 필요가 없다. 오히려 셔터막을 너무 오래 열어두면, 달 표면의 밝은 빛이 과하게 필름에 새겨지면서 사진이 하얗게 타버린다.

달 표면뿐 아니라, 그들이 입었던 우주복이나 그들이 썼던 장비 대부분도 겉이 빛을 가장 잘 반사하는 흰색으로 덮여 있었기 때문에, 민감한 필름에 조심스럽게 인증샷을 남기기 위해서는 노출 시간이 짧아야 했다. 달의 하늘 속 미세하게 빛나는 별빛까지 담는 것은 사치였다.

굳이 담자면 담을 수야 있었겠지만, 그렇게 하면 정작 사진의 주인공이 되어야 하는 우주인과 달 표면의 모습은 모두 하얗게 일그러져 알아볼 수 없었을 것이다. 애초에 그들은 지구에서도 보이는 별들의 모습을 보자고 달까지 간 것이 아니었다.

아폴로 우주인들의 사진뿐 아니라 우주 정거장이나 지구 주변을 맴돌고 있는 많은 인공위성들의 모습을 촬영한 사진들을 보면, 지구의 둥근 지평선 위 우주에 별빛이 거의 보이지 않는 것을 확인할 수 있다. 이 역시 같은 이유 때문이다. 애초에 사진의 주인공이 우주 공간 속 희미한 별빛이 아니라 지구나 그 주변을 맴도는 인공위성이었기 때문에, 그 정도의 짧은 노출 시간으로도 충분했던 것이다.

이를 통해 함께 해결되는 의혹이 있다. 음모론자들이 주장하는 사진 속 귀여운 오류인데, 사진 속 바위나 탐사 기계와 같은 피사체가 사진의 +눈금선 위로 덮어져 있는 경우다. 그들은 이를 근거로 NASA가 사진을 합성하다가 미처 고치지 못한 흔적이라고 주장한다. 당시 우주인들이 사진 촬영에 사용한 필름에 이미 인쇄되어 있던 +눈금선이 당연히 사진 속 모든 피사체 위에 남아 있어야 할 것 같다. 그런데 공식적으로 공개된 사진들을 보면 +눈금선 위에는 바위나 우주복이 있다. 이 역시 앞에서 설명한, 밝은 달에서 사진을 촬영할 때 발생하는 과노출 현상 때문이다. 빛을 강하게 반사하는 흰 우주복, 장비들, 달 표면의 돌맹이 등은 빛을 강하게 반사하면서 짧은 노출에도 필름에 강한 인상을 남겼고, 필름에 먼저 박혀 있던 +눈금선 위로 빛을 덮어버린 것이다. 창살 너머로 우연히 태양이 겹쳐 있을 때, 그 태양을 눈으로 바라보면 마치 강한 햇살이 창살을 뚫고 오는 것처럼 보이는 것과 비슷한 현상일 뿐이다.

흥미롭게도 이런 +눈금선이 피사체에게 파묻히는 현상은 전부 피사체가 희고 반사를 잘하는 물체인 경우에만 나타난다. 오히려 그들이 정말로 달에 다녀왔기 때문에 인증샷에 남게 된 귀한 인증 마크라고 보는 것이 나을 듯싶다.

달에서는 당연히 태양만이 유일한 조명이기 때문에, 달 표면에 생기는 모든 그림자 역시 태양을 등지고 모두 같은 방향으로만 그려져야 될 것으로 생각된다. 그런데 공식적으로 공개된 사진들을 보면 달 표면에 남은 암석, 탐사선, 그리고 우주인 뒤로 그려진 그림자들의 방향이 제각각인 듯하다.

그들은 이를 증거로, 당시 장면을 조작하면서 사용한 다중 조명 장치의 흔적이라고 이야기한다. 그러나 만약 그들의 주장처럼 여러 개의 조명을 함께 비추었던 것이라면, 개별 그림자가 각기 다른 방향으로 그려지는 것이 아니라 하나의 물체 뒤로 여러 방향의 그림자가 여러 개 그려졌어야 한다. 흔히 우리가 축구 경기에서 축구 선수 뒤로 4개의 그림자가 함께 그려지는 것처럼.

그러나 아폴로 미션 사진 속 그림자들은 방향은 다르지만, 분명 하나의 물체에 대해서 하나의 그림자만 그려져 있다. 이는 단순히 달 표면이 매끈하지 않고 울퉁불퉁하기 때문에, 각각 햇빛의 그림자가 지는 방향이 틀어졌을 뿐이다. 이런 모습은 실제로 지구에서도 확인할 수 있는 아주 흔한 현상이기 때문에 복잡하게 생각할 필요가 없다.

이쯤에서 조작설 자체가 모순되는 대목을 발견할 수 있는데, 앞서 깃발이 펄럭거렸기 때문에 달이 아닌 지구 어딘가 바람이 부는 곳이라는 주장과, 또 여러 개의 조명과 낚싯줄을 사용한 실내 스튜디오라고 하는 두 가지 주장이 서로 충돌한다.

바람이 부는 실내 스튜디오라니 그런 곳이 대체 어디가 있을까. 정말로 달에 간 척하고 싶어서 조작을 준비했다면, 그런 식으로 허술하게 조작을 했을까. 과학적인 발견에 대해 비판적인 시각으로 바라보는 것은 언제나 환영받아 마땅하다. 하지만 근거가 없는 맹목적인 비판, 아니 비난은 지양되어야 한다.

너무 완벽해서
믿을 수 없는 사진

내가 들어봤던 음모론자들의 주장에서 가장 재미있는 이야기는, NASA가 공식적으로 공개한 사진들이 너무 구도가 완벽하고 잘 찍혔다는 것이다. 두꺼운 우주복을 입고 그렇게 사진을 제대로 찍을 수 없을 것이고, 좋은 구도로 찍힌 사진들이 남았다는 것은 전문 사진가들과 함께 조작을 했다는 증거라는 것이다.

그러나 이는 조금만 더 열심히 조사해보면 금방 잘못된 주장이라는 것을 확인할 수 있다. 실제로 NASA에서는 모든 아폴로 미션에서 얻은 사진 자료를 아카이브 형태로 온라인으로 제공하고 있다. 그 안의 수만 장의 사진들을 넋놓고 구경하다보면, 대체 무엇을 찍었는지 알 수 없는 사진들 투성이다. 언론과 미디어에는 좋은 사진만 골라서 공개했을 뿐이다.

아폴로 우주인 올드린은, 젊었을 때 이런 사건을 저지르기도 했다. 그가 펍에 갔을 때의 일이다. 자신을 알아본 어느 취객이 달에 다녀왔다는 NASA의 발표는 다 거짓말이라며 비아냥거렸다. 올드린은 화를 참지 못하고 그 취객을 폭행했다. 당시 법원은 국가와 인류를 대표하는 영웅의 업적을 허위라고 비아냥거렸다는 대목에 더 주목하며 이를 정당방위로 판결했다. 사람을 다치게 한 것은 잘못한 일지만, 달에 다녀온 사람은 함부로 놀리면 안 된다는 교훈을 배울 수 있는 좋은 사례다.

달에 다녀왔다는 이유로 남은 평생을 달에 다녀온 영웅으로 대접받음과 동시에 조작된 미션의 주인공이라는 오명을 쓰고 살아야 했던 아폴로 우주인들. 그들이야 말로 이 행성에서 가장 대단한 보살일 것이다. 아폴로 우주인들의 몸속에서 사리가 나온다면 달 하나 만큼은 나오지 않을까 싶다.

나도 가끔 내가 천문학을 전공하고 있다고 소개를 하면, 나에게 정말로 달에 다녀왔는지를 확인받고 싶어하는 사람들을 만날 때가 있다.

그러나 나는 그들의 기대에 부응하지 못한다. 그저 내가 알고 있는 한 어떻게 그들이 달에 다녀올 수 있었는지, 어떤 증거들이 달 표면에 남아 있는지를 열심히 설명한다. NASA 하고는 가끔씩 학회 관련 광고 메일만 주고받는 나조차, NASA의 스파이로 만들어버리는 그들의 의심이 마냥 기분 나쁘지만은 않다.

단순히 앞에서 이야기한 사진과 영상뿐 아니라, 지구를 둘러싼 방사능 벨트인 반 앨런대Van Allen Belt나 달 표면에 남지 않은 로켓 분사 자국과 같은 다소 과학적으로 보이는 용어들을 남용하면서 음모론은 계속해서 살을 찌워가고 있다.

예를 들어 지구 주변을 둘러싸고 있는 도넛 형태의 아주 해로운 방사능 덩어리가 있기 때문에, 그것을 인간이 얇은 우주선을 타고 통과할 수 없다는 것이다. 그런데 지구 주변을 둘러싸고 있는 방사능은 그 농도도 아주 약한 데다 그 세기도 얇은 유리나 종이 몇 장이면 거의 다 차폐시킬 수 있을 만큼 위험하지 않다. 이러한 사실은 반 앨런대의 존재를 발견한 반 앨런, 본인이 직접 밝혔다. 지구를 둘러싼 방사능대는 인류의 지구 탈출을 가로막을 정도로 치명적이지 않다. 이런 의심쟁이들의 의심은 멈추지 않고 계속 튀어나온다. 과연 언제가 되어야 그들을 안심시키고 사실을 인정받을 수 있을까, 하는 의문이 든다.

어쩌면 이런 논란들은 달 자체가 워낙에 신비롭고 경이로운 대상이기 때문일 것이다. 과거 서양에서는 보름달만 보면 늑대 인간이 나타난다고 상상했고, 우리는 달에 떡 방아를 찧는 토끼가 살고 있다고 상상했다. 달의 거뭇거뭇한 얼룩과 울퉁불퉁한 모습은 우리에게 많은 상상력을 자극한다. 조르주 멜리에스의 익살스러운 영화 「달 세계 여행」에서는 사람을 대포에 넣어 달에 착륙시킨다. 영화 속에서 착륙선은 팬케이크를 뒤집어쓰고 달 역할을 하고 있는 영화배우의 얼굴 위에 내리 꽂힌다. 이처럼 얼마 전까지만 하더라도 사람이 달이라는 세계에 간다는 것은 마술 같은 이야기였다. 그 자체로 환상이고, 판타지였다. 그런데 그런 달에, 그런 허접해 보이는 기술을 가지고 무사히 귀환했다니, 믿기 어려운 것도 이해는 간다.

하지만 이미 많은 증거들이 그들의 달 착륙을 인증하고 있다. 우리 인류의 과학 기술 수준에 대한 과소평가를 돌이켜볼 필요가 있다. 아직 갈 길이 멀지만, 자기 행성 바로 곁을 돌고 있는 위성 정도는 돈만 있으면 쉽게 갔다 올 수 있는 수준까지는 발전했다.

꿈에서 현실이 된 달 세계 여행

아폴로 미션을 믿지 않는 음모론자들 중 다수는 닐 암스트롱으로 대변되는 아폴로 11호 이후에도 아주 많은 우주인들이 실제로 달에 발을 밟고 돌아왔다는 사실을 알려줄 때 당황한다.

그렇다. 실제로 지금까지 달에 발자국을 남겨본 사람은 12명이나 된다. 미션 한 번에 우주인 3명이 달에 찾아가는데, 그중에 1명은 계속 달 주변을 맴도는 궤도선을 운전하느라 달을 코앞에 두고 내리지는 못한다. 대신 나머지 2명의 선원이 달에 착륙해 여러 가지 임무를 수행하고 온다. 지금까지 아폴로 11호에서 17호까지, 그중에 도중 가스가 새어나가는 불의의 사고로 달을 목전에 두고 지구로 겨우 돌아왔던 13호를 제외하고 6회에 걸쳐 인류는 달에 다녀왔다. 당시 13호의 위험천만하고 극적인 이야기는 톰 행크스가 주연하는 영화로 다시 그려지기도 했다. 그렇게 2명씩 달에 착륙하면서 총 12명의 우주인이 각자의 발자국과 기념품을 달 표면에 남기고 왔다.

아폴로 11호 때에는 궤도선에 탄 채로 달에 내릴 수 없었던 비련의 주인공이 바로 마이클 콜린스다. 지구로 돌아온 그에게 한

익살스러운 기자가 달 코앞까지 가놓고 발자국을 남기지 못해서 불쌍하다고 비아냥거렸다. 그는 그 기자에게 "대신 나는 달의 뒷모습을 보았다"라며 너스레를 떨었다고 한다. 물론 지구로 돌아오는 내내 나머지 2명의 자랑을 들어주느라 엄청 신경 쓰였을 것이다. 지금까지도 가끔씩 성공을 눈앞에 두고 남들에게 그 자리를 내주었던 대표적인 예로 언급된다고 하니, 영원히 고통받는 콜린스…….

아폴로 미션에 음모론이 따라붙게 된 건 한 사람의 책에서 시작됐다. 자칭 NASA 출신의 로켓팀 핵심 직원이라고 하는 빌 케이싱Bill Kaysing, 1922~1995년이 1976년 「우리는 달에 간 적 없다We Never Went to the Moon」라는 책을 출간하면서 아폴로 미션의 음모론이 세상에 피어나기 시작한다. 그는 미국이 소련과의 우주 경쟁에서 이기고자 거짓으로 달 착륙을 만들어냈다고 주장한다. 이후 많은 달 착륙 음모론자들의 아주 기본적인 인용 도서가 된다.

하지만 케이싱은 NASA의 핵심 인물이 아니라, 로켓팀에서 문서 관리를 맡고 있었다. 로켓의 공학적 원리와 천문학적 지식이 거의 없는 상태에서 쓴 이야기라고 이후 밝히기도 했다.

더불어 비교적 최근에 올라간 여러 다른 나라들의 달 탐사선들이 계속해서 달 표면에 아직까지 남아 있는 아폴로 미션 때 쓰인 장비나 로켓 밑바닥 같은 흔적들의 모습을 확인해줬다. 심지어 미국 의회는 아폴로 미션의 흔적이 남아 있는 달 표면 일부를 자기들 멋대로 국립공원으로 지정하는 패기를 부리기도 했다.

'오바마 대통령이 사실은 외계인이었다' 따위의 기사를 쓰는 미국의 풍자 신문 「어니온」에서 닐 암스트롱이 죽기 직전 기자들에게 NASA의 거짓을 고백했다는 장난식 허위 기사까지 나오게 되는데, 이것 역시 음모론자들이 자주 인용하고 있다.

많은 사람들은 이런 조작 사실을 숨기기 위해 아폴로 미션에 관계된 많은 우주인과 직원들이 의문사했다고 이야기하지만, 몇 년 전 호상으로 돌아가신 암스트롱 할아버지를 제외하고, 나머지 아폴로 11호의 우주인 두 분은 아직도 정정하게 살아계시다. 오히려 젊은 시절 우주인이 될 만큼 체력 조절과 자기 관리가 훌륭했던 덕에 지금도 건강한 것이 아닐까.

이제 달은 '우리가 그곳에 갈 수 있을까?'라는 단순한 정복 여부의 대상을 넘어 '어떤 원리로 저런 모습과 크기의 위성이 지구 곁을 꾸준히 맴돌게 됐을까?'를 고민하는 자연과학의 범주에 들어왔다. 그리고 많은 과학자들은 아폴로 우주인들이 가져온 월석 등의 귀한 전리품과 최신 탐사선들이 헌납한 소중한 데이터를 바탕으로 달과 지구의 기원에 대해 연구하고 있다.

모행성에 비해 수십 배나 작은 다른 행성의 위성의 비율에 비해, 지구의 달은 4대 1이나 된다. 모행성에 비해 그리 작지 않은 비율이다. 달은 우리 지구의 오래된 파트너다. 그리고 그 기원에 대해서는 아직도 여러 학설들만 떠돌아다닐 뿐 정확하게 규명된 이론은 없다. 하지만 그중 가장 대표적인 것은, 아주 오래전 지구의 절반 크기, 화성 정도 되는 미지의 행성이 갓 태어난 지구와 부딪혔다는 이야기다. 그 충돌로 산산조각이 난 미지의 행성과 지구의 파편이 흩어져 다시 뭉쳐진 것이 지구 주변을 계속 맴돌게 됐는데 그것이 바로 지구 곁을 돌고 있는 달이라는 것이다.

아폴로 우주인들은 달에 갔을 때 기념품들을 가져왔다. 그중 가장 대표적인 것이 달의 돌맹이다. 이 월석을 분석해보니 지구와 비슷한 성분들이 발견됐다. 과거 지구에게 큰 생일빵이 가해졌다는 이 대충돌설은 현대 천문학계에서 꽤 큰 지지를 받고 있다. 지금은 달과 지구의 일부로 흡수되어 흔적도 없이 사라진 과거 미지의 행성에게는, 신화 속 달의 여신 셀레네Selene의 어머니인 테이아Theia라는 이름을 붙였다. 물론 수십억 년 전 테이아가 존재했는지는 아직 확실하지 않다.

달이 우주에 형성되고 그 위에 인류가 착륙할 때까지. 그리고 그 기원을 규명하는 지금까지 이 현장은 항상 서양의 역사만 존재했다. 동양에서 달은 마냥 신성한 존재일 뿐 과학적, 천문학적 대상이 되지 않았다. 어쩌면 달에 대해서 동양이 배제되어왔다는 것이 어색하게 들린다.

동양의 문화권에서 달은 끽해야 절기와 물 때를 알려주는 정도의 의미를 갖는다. 미국 NASA의 달 착륙에 대해 음모론자들이 계속 의구심을 품는 것은, 우리 인류가 아직 달에 다녀와본 적이 없기 때문이 아닐까. 그들에게 의심을 품고 계속 무리하게 진실을 요구하는 것은 끝나지 않을 의심병일 듯하다.

하지만 이제는 슬슬 게임의 판도가 바뀌고 있다. 일본과 중국을 비롯한 많은 나라가 우주 개발의 첫 단추로 달을 넘보고 있고, 실제로 많은 시도가 이뤄지고 있다. 중국 신화에는 달에 항아라는 미모의 여신이 살고 있다고 되어 있다. 최근 달에 성공적으로 착륙한 중국의 탐사선 이름도 항아嫦娥, Chángé’이다. 변화, 혁신을 의미하는 단어 ‘Change’와 절묘하게도 잘 맞아떨어진다.

2016년 우리나라도 자국의 탐사선을 달 표면에 보내, 달 탐사 대열에 함께 이름을 올리기 위해 시도하고 있다. 물론 앞으로 많은 노력과 시간이 필요할 것이다. 하지만 공평하게 생각하자. 미국도 아폴로 11호가 되어서야 성공할 수 있었다. 11호와 그 이후 이어진 성공에 앞서, 그 앞에 숨어 있는 10번의 실험과 노력에 대해서도 우리 인류는 잊어서는 안 된다. 앞서 아주 많은 실패가 있었고, 그런 노력 덕분에 지금 우주 강국이라는 자리를 지킬 수 있게 된 것이다.

미국이 달에 갔고, 또 현재 계속해서 우리를 포함한 많은 나라들이 달 착륙을 시도하는 것은 남들에게 인정받기 위함이 아니다. 과거 아폴로 우주인들이 달의 여섯 곳에 꽂은 성조기는 지금도 묵묵히 박혀 있고, 그들이 남긴 발자국도 그 자리에 남아 있다.

많은 우주인들이 달이라는 흔치 않은 관광지를 다녀오면서, 각자를 기념하는 기념품들을 남겨두고 왔다. 그중 나의 가장 기억에 남는 것은 아폴로 16호 우주인 찰스 듀크Charles Duke, 1935년~가 달의 표면에 남기고 온 그의 가족사진이다. 지퍼백 안에 잘 포장된 채로 달에 걸린 가족사진. 매일 밤 그의 가족들은 달을 바라볼 때마다, 세계에서 가장 높이 걸려 있는 그들의 가족사진을 보는 셈이다. 그는 지구로 달 착륙의 인증샷을 가져왔고, 달에는 그가 행복한 가족을 담고 있는 인증샷을 남기고 왔다.

단순히 텍스트가 아닌 사진과 이미지로 이야기하는 요즘 사회에서, 인증샷은 단순한 전달의 역할을 넘어선다. 그리고 사회에 다양한 메시지를 전달하고 있다.

우리가 경험했음으로써 새롭게 배운 것이 있다면 그것으로 충분하다. 의심쟁이들을 설득하느라 우리의 시간과 에너지를 낭비할 이유는 없다. 당신이 지금 이 순간 행복하게 연애를 하고 있다면, 당신의 프로필 사진 속 함께 포즈를 취하고 있는 여성이 실존인물이라면 그것으로 된 것이다. 그렇다. 우리는 달에 다녀왔다. 그리고 또 언젠가 갈 것이다.

04

우주의 마음을 미리 알아보는 시뮬레이션 천문학

유년 시절 내내 정해진 답을 맞추는 것을 최우선으로 생각하고 공부했던 나에게, 성인이 되어 찾아온 이 사랑의 과정이라는 난해한 문제는 나를 혼란스럽게 만들었다. 내가 아직도 풀지 못한 문제는 바로, 우주와 사랑 그 두 가지다.

미리 사랑을 연습해볼 수 있다면 상황이 조금은 나아질 수 있지 않을까? 데이트를 미리 시뮬레이션해보는 것이다. 전투기 조종사들도 훈련할 때, 하늘에 올라가지 않고도 훈련장에서 시뮬레이터만 가지고도 훈련한다고 하니, 요즘 시대에 불가능하지도 않을 것 같다.

미리 체험해보는 상대의 감정 변화

이와 비슷한 맥락의 게임 장르가 있다. 소위 미연시[미소녀 연애 시뮬레이션]라고 불리고, 야릇한 성인 게임으로 더 많이 알려져 있다. 고등학교 시절 기숙사 생활을 하다보니, 학생들은 자연스레 부모님의 잔소리에서 물리적으로 탈출하게 됐다. 그리고 남학생들은 밤마다 방에서 노트북으로 게임을 하는 경우가 많았다.

이 미연시 게임을 보면 굉장히 재밌는 특징을 하나 발견할 수 있는데, 바로 상대방이 어마어마한 답정너라는 사실이다. 게임 속 미소녀 캐릭터와 대화를 주고받다보면, 중간에 몇 가지 선택지 중에서 플레이어가 가장 적절한 반응이라고 생각하는 답안을 클릭하는 순간들이 온다. 그때마다 어떤 답을 고르는지가 게임 속 여자에게 점수를 따는지 아니면 점수가 깎이는지에 영향을 준다.

"답은 정해져 있어. 넌 그 말만 하면 되는 거야."

어쨌든 컴퓨터 게임이기 때문에, 이미 내장된 프로그램이 요구하는 답안은 정해져 있다. 결국 게임의 목표는 적당한 버튼을 누르는 것 그 이상 그 이하도 아니다. 게임 속 스토리를 이해하면서, 어떻게 하면 2D 미소녀의 기분을 좋게 할 수 있을지 고민하며 끝내 목표 점수를 채우게 되면, 그녀의 마음을 얻고 그녀가 당신을 위해 애교를 피우든지 옷을 벗든지 하는, 말도 안되는 상황이 벌어진다. 물론 모니터 속에서.

따지고 보면 실제 연애 상황도 이런 게임과 크게 다르지 않다. 분명 상대방도 하나의 인격체로서 자신이 원하는 결과가 있다. 데이트를 시작하면서 무엇을 먹을지 여자 친구에게 물어봤을 때, 그녀가 무성의하게 내뱉는 "아무거나"라는 말은, "굳이 내 입으로 이야기하기는 귀찮으니까 어서 내가 무엇을 원하는지 관심법처럼 맞추도록 해"라는 무언의 명령과 동의어라고 하지 않던가.

바로 이런 점이 천문학자가 접하는 우주의 모습과 비슷하다. 우주도 어떤 물리적 법칙을 따라 130억 년이라는 기나긴 시간 동안 진화해 지금까지의 모습을 만들었다. 우리가 알고 싶은 우주의 과거는, 분명 이미 존재했던 과거이기 때문에 명확한 답이 존재한다.

천문학자가 맞춰야 하는 그 답이 무엇인지를 추론하는 과정에서, 조금이라도 더 많은 힌트를 얻기 위해 희미한 별빛 하나하나도 전부 주워담으며 우주를 관측한다. 그렇게 모인 우주의 단편적인 조각들을 모아놓고 이 130억 년짜리 거대한 답정너가 우리에게 무슨 메시지를 전달하려는지, 그리고 무슨 일들을 겪었을지를 추적하는 셈이다.

분명 정답은 존재하는데 우주는 우리가 제시하는 답안을 확인해주지 않는다. 결국 천문학자들은 자신들의 답안지를 대신 채점해줄 대리인을 찾을 수밖에 없다.

다른 과학 분야 중에는 그 답을 직접 확인해볼 수 있는 경우가 꽤 많다. 가설을 세우고 직접 실험을 설계해 그 가설의 정답 여부를 확인하는 것이 우리가 잘 알고 있는 과학의 기본적인 방법론이다. 즉, 우리가 정답이라고 예상하는 가설이 맞는지 틀렸는지를 직접 확인하고 싶다면 그것을 체크할 수 있는 실험을 하나 고안해서 바로 눈앞에서 확인하면 된다.

천문학이 다른 자연과학 분야와 가장 다른점이 바로 실험이 불가능하다는 것이다. 생물, 물리, 화학과 같은 분야는 세세하게는 저마다 차이가 있지만, 대개는 실험실에서 실험 기구와 재료를 가지고 와서 직접 손으로 만지고 조절하면서 실험을 할 수 있다.

그런데 천문학은 애초에 다루는 대상 자체가 지구 바깥 머나먼 세계에 놓여 있다. 지구상의 어느 실험실에서 펼쳐놓고 들여다볼 수 있는 크기도 아니다. "오늘 기분도 좋은데, 실험실에서 별이나 만들어볼까?" 하면서 별을 반죽하고, 별을 반으로 잘라보는 일 따위는 하고 싶어도 불가능하다.

그렇기 때문에, 고대의 천문학자들은 머릿속으로 상상하는 사고 실험에 의존할 수밖에 없었다. 눈을 감고 별과 행성들이 어떻게 움직이고 변화할지를 자신이 알고 있는 물리 이론을 바탕으로 상상하는 것이다.

아리스토텔레스는 마찰이 없는 진공의 공간에서 멈추지 않고 무한히 굴러가는 공을 상상했고, 뉴턴은 높은 산에서 빠르게 발사한 공이 계속 둥근 지구 표면에 떨어지지 않고 인공위성처럼 그 주변을 맴도는 것을 상상했다. 당연히 당시 기술로서는 확인할 수 없는 것들이지만, 이들은 순전히 상상으로만 그것을 이해했다.

하지만 인간의 머리에는 한계가 있기 때문에, 조금만 상황이 복잡해져도 더 이상 사고 실험에만 의존할 수 없게 된다. 그래서 현대 천문학자들은 컴퓨터라는 아주 좋은 장난감을 활용한다. 컴퓨터 속에 지금껏 우리가 이해하고 있는 물리학 이론들을 바탕으로 한 데이터들을 입력하고, 가상의 우주 공간을 만들어 그 안에 별이나 은하를 형성한다. 우리가 컴퓨터 속 우주에 한해서만큼은 조물주가 되는 셈이다.

그렇게 만든 가짜 우주에 시간이 흐르게 만든 뒤, 컴퓨터가 매 순간 계산된 모습을 보여준다. 그러면 시뮬레이션된 우주의 모습을 관측된 실제 우주의 모습과 비교하면서 우리가 제시한 답이 얼마나 정답에 가까운지를 가늠해볼 수 있다.

때로는 컴퓨터 키보드의 엔터키와 손가락이 맞닿는 순간, 마치 내 손가락 끝에서 천지창조가 펼쳐지는 것만 같은 착각에 빠지기도 한다. 그만큼 현대 천문학에 있어 시뮬레이션은 단순히 학문적인 의미를 넘어선다. 천문학자가 한눈에 우주의 장엄한 역사를 빠르게 훑어볼 수 있게 만들며, 현대 천문학계의 이해의 영역을 크게 확장시켰다.

누구는 연애를 잘하기 위해서는 많이 만나보는 것이 중요하다고 강조한다. 계속 더 많은 이성을 만나봐야 진짜로 여자를 알고 남자를 알 수 있다는 것이다. 자칭 연애 전문가라고 방송에 등장하는 사람도 있다. 직접 만나보고 눈으로 본 이성의 취향이나 반응을 통해, 연애 노하우를 익혔다고 한다. 아주 충분한 샘플의 수를 바탕으로 한 통계적 분석은 나름 신빙성이 느껴지기도 한다.

하지만 그와 반대로, 가볍고 헤픈 연애로는 제대로된 연애관을 가질 수 없다며 심리학이나 사회학과 같은 이론을 바탕으로 한 연애관을 주장하는 사람들도 있다. 완벽하게 글로만 배운 연애 지식으로 무장해 수 년간 머릿속으로만 시뮬레이션한 장면들을 떠올리며 자신만의 연애 이론을 고수한다. 꽤 논리적인 구조로 다져진 그의 연애 가상 실험 역시 쉽게 무시하기는 어렵다.

연애를 바라보는 시선에도 이렇게 크게 두 가지 관점이 있듯이 천문학계도 관측과 시뮬레이션 각각을 우선시하는 파로 나뉘었다. 나를 포함해 주로 관측을 더 중요시하는 사람들의 경우, 망원경으로 볼 수 있는 우주에 관심이 간다. 눈으로 확인이 되어야만 그것이 강력한 증거고 유의미한 연구 결과다. 최근 10년 사이 관측 기기의 기술이 좋아지고 더 많은 대형 망원경과 우주 망원경들이 연구에 현실적으로 도움이 되는 관측 자료들을 쏟아내면서 관측을 통한 천문학 연구가 다시 활발해지고 있다.

17세기 무렵에는 돈 많은 중세 귀족이나 집 앞에 망원경을 지어놓고 겨우 별 한두 개씩 바라봤다면, 지금은 전 지구적인 관측 프로젝트를 통해 하늘에 있는 모든 은하와 별 수백만 개를 한번에 관측하여 처리하기에 이르렀다. 그렇다보니 통계적으로 더 많은 수의 샘플에 집착하게 된다. 관측을 중요시하는 연구자들은 시뮬레이션에 치중한 연구자에게 보이지도 않아 확인도 할 수 없는 것들을 컴퓨터로 만들어서 연구한다고 놀리는 경우도 있다.

그와 반대로 시뮬레이션 천문학자들은 관측이 가능한지의 여부에 크게 구애받지 않고 이론적으로 상상할 수 있는 모든 우주를 아우른다. 훨씬 더 넓고 다양한 세계를 연구할 수 있다. 1990년대 후반부터 컴퓨터의 처리 기능이 눈에 띄게 발전하면서, 그동안 계산할 수 없었던 일들이 가능해졌기 때문이다. 슈퍼컴퓨터들을 모아놓고 수개월에 걸친 계산을 통해 우주 전체의 진화 과정을 재현하는 시뮬레이션들이 진행되기도 한다. 시뮬레이션 천문학자들은 나같은 관측 기반 천문학자들을 가리켜 고작 눈에 보이는 것만 가지고 연구한다며, 자신들의 컴퓨터가 담고 있는 더 광활한 우주를 찬양하기도 한다.

이런 두 분야 사이의 기싸움은 유치한 부분이지만, 천문학 안에서도 답정너 같은 우주의 속마음을 파헤치는 방식이 너무나 다르다는 점은 꽤 흥미롭다.

어찌됐든 100여 명의 이성과 연애 해본 경험이 있다는 연애 코칭 전문가나 수년간의 사고 실험을 통해 완벽한 연애 이론을 섭렵한 전문가나 진정한 고수가 됐다면 "아무거나" 먹고 싶다는 그녀가 대체 오늘은 무엇을 먹고 싶은지, 대체 무엇 때문에 갑자기 삐친 것인지 같은 정답을 맞추게 될 것이다.

이처럼 서로 다른 두 가지 접근 방식으로 파헤친 답정너 우주의 질문에 대한 양측의 답변은 결국 서로 비슷해진다. 끝내 그들이 나아가는 지향점은 결국 동일할 수밖에 없다. 우리가 연구하는 대상은 하나뿐이고, 그 우주의 답 역시 단 하나로 존재하기 때문이다.

이렇게 거대한 우주가 숨기고 있는 속내를 파헤치기 위해 매일 천문학자들은 밤을 지새운다. 정작 그날 밤 자신의 애인이 왜 서운해하는지는 눈치채지 못한 채.

4장

은하는 상호작용을 원한다

"당신은 정말 특별해."

01

암흑물질이라는 부가세

한번은 여자 친구와 분위기를 잡아보려고 이탈리아 식당에서 함께 사치를 부린 적이 있다. 논문 같이 전문 용어로 빼곡한 메뉴판에서 구세주처럼 내 눈에 딱 들어온 것이 있었다. 세트 메뉴. 그 호화스러운 분위기를 즐긴 뒤 계산서를 확인했다. 단품 메뉴의 값을 합한 것보다도 값이 비쌌기 때문에 이유를 물었다. 봉사료를 따로 받는다고 했다. 이런 곳이 처음이었던 나는 눈에 보이지 않는 그들만의 상술을 이해하기 어려웠다. 하지만 이런 일은 우리 우주가 태어나던 그 순간부터 비일비재하게 벌어지고 있다.

눈에 보이지 않는 재료들의 장난

태양과 같은 별들도 혼자 덩그러니 암흑 속 공간을 부유하고만 있지는 않다. 별은 외로움을 잘 탄다. 그 외로움을 달래주는 것은 중력이다. 그 중력으로 별은 다른 별과 함께하고 싶어한다. 마치 철새들이 떼를 지어 날아다니며 하늘에서 화려하고 거대한 형체를 그려내듯, 우주의 별들도 함께 무리지어 화려한 군무를 추고 있다. 별 수천억 개가 모여 있는 이 거대한 군대를 은하Galaxy라고 부른다.

그리고 이런 군대 자체도 우주 전역에 수천억 개 이상이 곳곳에 주둔하고 있다. 과거 천문학자들은 각 군대의 규모와 밝기를 통해 안에 얼마나 많은 별들이 보초를 서고 있는지를 추정했고, 어떻게 별들이 이렇게 거대한 메트로폴리탄을 지을 수 있었는지를 연구했다.

은하 하나가 얼마나 밝게 빛나는지는, 그 은하에 별들이 얼마나 많이 모여 있는지에 따라 결정된다. 밝은 은하일수록 그 은하에 많은 수의 별들이 모여 있다는 것이고, 이는 곧 그 은하의 질량도 무겁다는 것을 의미한다. 이런 간단한 아이디어를 통해 천문학자들은 꾸준히 은하들의 겉보기 밝기를 살폈고 그 부대의 총 질량을 유추하며 은하를 연구했다.

별 자체만 해도 우리 신체에 비하면 질량이 아주 큰 가스 돼지들이다. 엄청난 중력을 내뿜고 있다. 그런데 이런 비대한 녀석들이 떼로 모여 있는 거대 군단이 은하라면, 그 전체 중력은 어마어마할 것이다. 태양의 중력에 붙들려 그 곁을 지구가 빙글빙글 돌듯이, 은하의 전체 중력에 붙들린 개개의 별들도 은하 가운데를 중심으로 함께 돌고 있다. 멀리서 보면 성지순례를 하기 위해 메카 중심에서 단체로 맴돌고 있는 이슬람 신도들을 보는 듯하다.

그런데 그 은하의 중력이 강할수록, 즉 은하 전체 질량이 더 무거울수록 그 은하의 강한 중력에 붙잡혀 별이 주변을 맴돌기 때문에, 은하 자체의 회전 속도가 더 빨라진다. 개개의 별이 하나 하나 분간되지 않을 정도다. 어두운 은하의 경우, 은하가 얼마나 빠르게 맴돌고 있는지를 통해 간접적으로 은하 전체의 질량을 유추할 수도 있다. 천문학자들이 눈 아프게 별들을 하나하나 세지 않고도, 은하의 체중을 몰래 알아낼 수 있는 방법이다.

그런데 1932년, 이런 방법을 통해 은하들의 신체검사를 진행하던 천문학자들은 놀라운 사실을 발견했다. 은하의 회전 속도, 즉 그 은하가 뿜내고 있는 중력을 통해 구한 은하의 중력이, 은하의 밝기를 통해 유추했던 것보다 훨씬 더 무겁다는 것. 은하를 이루며 빛나는 별들이 내뿜는 중력을 모두 합한 것보다 은하는 더 강한 중력을 행사하고 있던 것이다. 마치 별 각각을 합한 질량의 합보다 별을 세트 메뉴로 묶어 은하로 만들어놓았더니 질량이 더 나가는 셈. 겉으로 보이는 것보다 더 무거운, 놀라운 신체검사 결과는 우리가 살고 있는 우리은하를 비롯한 우주의 모든 은하에서 나타나는 증상이다.

여기서 우리는 내가 레스토랑의 가격표를 보고 느꼈던 당혹감에 봉착한다. 대체 이 '더 무거움'의 출처는 어디일까? 왜 눈에 보이는 별들의 질량을 합한 것보다 은하 전체는 더 무겁고 강한 중력을 발휘하고 있을까?

눈에 보이지 않는 질량의 정체는 첫 질문 이후 80여 년이 지난 지금까지도 명확하게 밝혀지지 않았다. 천문학자들은 이 신기한 현상에 대해 눈에 보이지 않는 그 무언가가 은하에 양념되어 있기 때문에, 은하가 겉으로 보이는 것보다 더 뚱뚱한 것이라고 생각했다.

겉으로 보기에는 그저 그런 다윗인데, 그 은하가 내뿜는 중력은 골리앗 급이다. 보기에는 말랐지만 체중계에 올라가면 놀라운 수치를 보여주는 마른 비만과 같은 느낌이다. 물론 의사들은 그

것이 몸속 곳곳에 숨어 있는 내장 지방의 장난이라는 것을 잘 알지만, 아쉽게도 천문학자들은 우주 내장 지방의 정체를 알아내지 못했다. 그래서 그들은 그냥 그 정체를 일컬어, 빛을 통해 확인할 수 없는 깜깜한 질량이라는 뜻을 담아 암흑 질량Dark Matter이라고 이름을 붙였다. 얼핏 굉장히 멋있는 이름처럼 보이지만, 사실은 천문학자들도 정체를 모르겠다는 말을 의역한 것이다.

암흑 질량을 만드는 레시피

홍미롭게도 천문학자들은 이 정체도 모르는 암흑 질량이 우주에 어떻게 분포하고 있는지는 파악할 수 있다. 물론 눈으로는 보이지 않지만, 이들의 중력을 통해 어디에 어느 정도 뭉쳐 있는지 우주에 지도를 그릴 수 있다. 아무것도 보이지 않는 허공에서 금속 막대 한 쌍만 들고 수맥을 짚는 듯한 이 미신 같은 이야기를 우주론적 풍수지리학이라고 봐도 될 듯하다. 하지만 이는 허구가 아니다. 암흑 질량은 존재한다.

보통 은하 안에 스며들어 있는 암흑 질량의 정체는, 그 은하 가장자리를 맴도는 별들의 운동을 통해 간접적으로 드러난다. 그런데 가끔 다소 당돌하게 자신의 존재를 내비치는 암흑 물질들도 있다. 암흑 물질을 품고 있는 은하나 은하단의 거대한 중력은, 단순히 그 주변에 많은 별을 끌어안을 뿐 아니라, 주변의 시공간까지 휘어뜨린다. 이렇게 휘어진 시공간을 따라 날아오는 빛은 직진하지 못한다. 그 굴곡을 그대로 타고 흘러오며 별과 은하가 만든 빛의 경로가 꺾일 수도 있다.

우연히 거대한 은하단 뒤로 거의 같은 방향에 멀리 은하가 놓여 있다면, 멀리 놓인 은하의 빛이 우리 지구를 향해 날아오는 과정에서 중간에 은하단의 곁을 지나가게 된다. 이때 돋보기의 볼록 렌즈를 통과한 빛의 경로가 꺾이듯, 암흑 물질의 거대한 중력이 우주 공간에 거대한 렌즈가 되어 빛을 휘게 만든다. 뜨거운 여름날 지면의 열에 의해 달라진 공기 밀도로 빛의 경로가 휘면서 아른거리는 아지랑이가 보이는 것처럼, 휘어진 배경 은하의 빛은 주변에 일그러진 허상이 되어 나타난다. 멀리 있는 은하의 모습이 다른 곳에 허상이 되어 나타나는 우주 신기루 현상이다.

이런 현상을 일컬어 중력에 의해 빛이 휘어지는 렌즈가 됐다는 의미에서, 중력 렌즈 현상Gravitational Lensing이라고 부른다. 가끔 발견되는 활처럼 휘어진 배경 은하들의 왜곡된 허상은 우주 곳곳에 눈에 보이지 않는 조미료, 암흑 물질이 분명 존재한다는 강력한 증거가 되기도 한다.

암흑 질량이 없었다면 우리도 존재할 수 없었다. 암흑 질량은 눈에 보이지는 않지만 강한 중력을 통해 주변 물질을 모아 반죽할 수 있는 좋은 기틀을 마련해주는 아주 중요한 양념이기 때문이다.

우주가 태어나던 날 빅뱅이라는 대폭발과 함께 시간과 공간의 반죽이 넓게 펼쳐졌다. 피자에 비유하자면 시공간이라는 그 반죽은 점점 더 넓고 얕게 퍼져나가며 거대한 도우가 된다. 그리고 그 위에 갖가지 토핑과 양념을 얹을 준비를 마친다. 천문학자들은 우리 눈으로 직접 확인할 수는 없지만 이미 도우가 펼쳐질 때부터, 그 반죽에는 눈에는 보이지 않는 무거운 조미료가 뿌려져 있었다고 보고 있다.

태초에 존재했던 이 암흑 물질들의 강한 중력이 우주 곳곳에 뿌옇게 퍼져 있던 가스와 먼지를 서서히 끌어모으고 덩치를 부풀리기 시작했다. 점차 크기가 커지고 더 무거워지면서, 주변에 뽐내는 중력의 위력 역시 더욱 성장한다. 피자를 구울 때 그 위 치즈와 토핑이 서로 엉겨붙어가며 부풀어오르는 것처럼, 이 과정에서 우주 전역에 암흑 물질이 그물처럼 얽힌 복잡한 기본 골자가 완성된다.

별과 가스로 이어진 그물의 가닥과 가닥이 교차하는 지점에는 아주 밀도 높은 매듭이 엉키게 되고 이 매듭은 점차 둥글고 거대한 은하로, 또 그런 은하들이 모여 있는 은하단으로 반죽되며 우주의 구색을 갖춰간다. 우리가 살고 있는 우리은하 역시 이런 과정을 거쳐 완성된 수많은 토핑 중 하나일 뿐이다. 그리고 그 토핑 속의 아주 작은 세계에 태양이라는 별이 빛을 내기 시작했고, 그 곁에서 희미한 빛을 받으며 지금 우리가 살고 있다.

이런 암흑 질량의 유별난 붙임성이 아니었다면 대폭발 이후 허전하게 흩어져 있던 우주의 각종 가스 분자 물질들이 한데 모여, 복잡하게 얽히고설키는 데까지 더 오랜 시간이 필요했을 것이다.

순전히 곳곳에 퍼져 있던 가스 물질들의 희미한 중력만으로는, 별을 반죽하기 어렵다. 이 먼지들을 한데 모아줄 수 있는 강한 중력을 내뿜을 무언가가 필요하다. 만약 암흑 질량의 보이지 않는 활약이 없었다면, 빅뱅 이후 지금까지 약 130억 년이 흐르는 동안, 아직도 은하 하나 제대로 반죽하지 못했을 수도 있다.

다행히 이 붙임성 좋은 암흑 질량들이 먼저 빠르게 모이면서, 눈에 보이는 일반 물질들도 쉽게 따라 모일 수 있는 인프라를 구축할 수 있었다. 덕분에 우주는 진작에 은하와 은하단을 만들었다. 그 은하 속에 태어날 생명체들이 우주 망원경을 날려 외부 은하까지 구경할 수 있는 지적 문명으로 진화하기까지 충분한 시간

적 여유를 누릴 수 있었다. 우주의 역사 속에 묻힌 눈에 보이지 않는 투명 재료들의 고대 레시피는, 오늘날 눈에 보이는 화려한 전성기를 이뤘다. 우리는 그 레시피의 결과로 만들어진 지구에 앉아 우주를 생각한다.

산에 올라가 울창한 숲을 바라볼 때면, 나무들의 녹음과 알록달록한 꽃잎들의 장관에 가슴을 맡기곤 한다. 종종 시선을 스치고 빠르게 지나가는 청솔모들에게도 혼을 빼앗긴다. 하지만 그 거대한 숲을 이루기 위해 고생했던 눈에 보이지 않는 노력은 쉽게 느끼지 못한다. 우리가 걸어왔던 등산로 흙길 아래 숨죽인 채 기어다니는 작은 벌레들과 미생물들은 나무 찌꺼기들이 새로운 나무로 부활할 수 있도록 도와주는 훌륭한 마법사들이다.

나뭇잎을 간지럽히는 산들바람의 존재 역시 눈으로 확인할 수는 없다. 귓가를 맴도는 바람 소리로 그 존재를 유추할 뿐. 산에 올라 인증샷과 추억을 머리에 남기고 오더라도, 산에는 우리가 절대 눈에 담을 수 없는 정령으로 가득하다. 그리고 이 정령들이 바로 우리가 눈으로 보고 있는 녹음을 일궈낸 진짜 산의 조상이다.

어린왕자는 말했다. "원래 중요한 것은 눈에 보이지 않는 법"이라고. 이 세상은 눈에 보이는 것보다 눈에 보이지 않는 것으로 더 가득한지도 모른다. 눈에 보이는 것은 우주의 일부일 뿐, 정작 우주의 주를 이루는 핵심은 눈에 보이지 않는다.

현대 천문학에 따르면 태양과 같이 눈에 보이는 반짝이는 것들은 우리 우주 전체 물질의 4퍼센트뿐이다. 대부분은 눈에 보이지 않는 물질과 에너지로 가득하다. 그리고 그 눈에 보이지 않는 것들은 우주가 태어나던 날부터 함께했으며 그들에 의해 우주 전체의 역사가 시작됐다.

긍정적으로 그날의 레스토랑 사건을 돌이켜보면, 굳이 억울해할 필요는 없다. 비록 나의 지갑에서는 음식 값보다 더 한 금액이 날아갔지만, 그것은 어쩌면 그날을 더욱 로맨틱하게 즐겼던 대가가 아니었을까. 그날 점원이 나에게 설명한 눈에 보이지 않는 서비스의 정체는, 그날을 더욱 로맨틱하게 만들어준 암흑 질량이었을지 모르겠다.

눈에 보이지 않는 곳에서 별이 빛나고, 사랑이 시작된다. 우주는 고요하고 어둡다. 하지만 매순간 격렬한 태동으로 가득한, 역동적인 세상이다. 우주를 가득 메우고 있는 소리 없는 아우성. 하지만 우리는 이 시끄러운 소음을 듣지 못한다. 다만 아우성이 모여 만든 작은 속삭임만 주워들을 뿐이다.

02

교신을 끊은 혜성 탐사선

이런. 큰일이다. 스마트폰이 배터리가 없어서 꺼져버렸다. 그녀에게 답장을 쓰고 있던 중이었는데! 나는 의도치 않게 그녀의 메시지를 확인하고 아주 야무지게 씹어 먹은 꼴이 되어버린다. 불러도 대답 없는 나를 애타게 찾는 그녀의 불만 섞인 메시지들만이 차곡차곡 쌓일 뿐이다.

차갑게 식어버린 스마트폰을 손에 쥐고 집으로 달려가면서, 지난 몇 달 간 혜성의 그림자 속에 잠들어 있던 탐사선의 교신 신호를 기다리던 천문학자의 마음을 공감할 수 있었다.

인류 최초의 혜성 착륙 미션,
로제타 탐사선

화성이나 목성과 같은 잘 알려진 일반적인 행성들은 그 크기가 꽤 듬직하기 때문에, 인간의 탐사선을 보내면 행성의 중력에 잘 붙잡혀 계속 그 주변을 맴돌며 탐사를 할 수 있다. 또 안정된 궤도를 따라 태양 주변을 맴돌고 있기 때문에 탐사선을 날려 보내는 것도 간단한 계산을 통해 가능했다.

그러나 지금껏 혜성, 이 폭주 기관차 위에 로봇을 직접 보낸 적은 한 번도 없었다. 소독차 연기를 뒤쫓는 아이들 마냥 혜성이 내뿜는 가스 꼬리를 멀리서 뒤쫓아가본 것이 혜성 탐사 역사의 전부였다.

그런데 2014년 인류의 탐사선이 처음으로 혜성 착륙을 시도했다. 2004년 지구를 떠났던 탐사선은 10여 년 간 약 60억 킬로미터를 날아갔다. 그리고 2014년 11월 11일에 혜성의 바로 뒤까지 추적한다. 인류 최초의 혜성 착륙 미션, 로제타Rosetta 미션은 10년간 길고 지루한 여정을 꾸준히 이어갔다.

당시 로제타 탐사선이 행선지로 삼았던 67P 혜성은 그 크기가 작은 도시 하나 정도였고, 더러운 얼음 덩어리에 불과했다. 때문에 중력이 너무 약해서 자기 표면에 찾아오는 작은 날벌레도 붙잡아놓을 수 없었다. 화성 탐사선처럼 바퀴 달린 로버Rover 형태의 탐사선을 보내 신나게 돌아다니다 자칫 튀어나온 돌맹이 하나 잘못 밟는 순간, 그대로 혜성의 중력을 벗어나 우주 미아가 될 수 있다. 행성에 착륙선을 보내는 것이 낙하산을 타고 적의 기지에 침투하는 정도의 액션이라면, 혜성에 착륙선을 보내는 것은 날아가는 전투기 위에 톰 크루즈를 올려놓는 난이도의 액션이다.

이렇게 혜성은 중력도 약하고 표면도 울퉁불퉁하고 심지어 빠르게 데굴데굴 자전하면서 가스를 내뿜는다. 그래서 무언가를 그 위에 착륙시키기에는 최악의 조건을 가졌다. 이런 혜성에 탐사선을 착 달라붙게 만들기 위해서 천문학자들은 닻으로 고정시키는 방법을 고안했다. 당시 혜성 67P에 보낼 착륙선 피레이Philea에는 작살 형태의 닻이 3개 있었다. 착륙선이 혜성 표면 위에 쿵 떨어지자마자 작살이 동시에 박히면서, 드릴로 파고들어가 바로 선체를 고정시키도록 디자인됐다. 따라서 이 혜성 착륙선은 다른 행성 탐사선들과 달리 이리저리 돌아다니면서 탐사를 할 수는 없고, 망부석처럼 자기가 착륙한 그 자리에 박힌 채로 최대한의 데이터를 모아야 한다.

그런데 바로 여기서 문제가 발생했다. 10년이나 되는 여정을 기다린 끝에 드디어 혜성의 꽁무니까지 무사히 쫓아간 로제타 탐사선은, 싣고 있던 피레이 착륙선을 혜성을 향해 투하한다. 그런데 로제타 탐사선을 떠나 혜성 표면으로 자유낙하 중인 피레이에서 이상이 발견됐다. 한번에 쫙 펴져야 할 닻 3개 중 하나가 제대로 펼쳐지지 못한 것이다. 임기응변할 방안도 없었다. 이 꺽다리 피레이는 빠른 속도로 혜성 위로 떨어졌고, 지구에 남아 있는 천문학자들은 불쌍한 착륙선의 사투를 멀리서 기도할 수밖에 없었다. 애초에 이 고정 닻은 혜성에 착륙하기 직전에서야 펴보는 장비이기 때문에, 그 이전에 미리 고장 여부를 확인할 수조차 없었다. 그저 고장 없이 잘 날아가기만을 바랐을 뿐. 그런데 지난 10년간의 무사고 운전이 무색하게도, 가장 마지막 순간 너무나 사소한 고장 때문에 이 탐사 미션 자체의 성패가 갈리게 됐다.

김치 냉장고만 한 착륙선을 닻 2개만으로 중력이 약한 혜성 위에 고정시키기에는 역부족이었다. 착륙선은 마치 바닥에 농구공 튀기듯 두 번이나 튕겨져 날아갔다. 그 아슬아슬한 드리블 장면은 혜성 주변을 맴돌던 로제타 탐사선을 통해 모두 함께 지켜봤다. 그나마 정말 다행히 착륙선 자체가 혜성의 중력권을 벗어나 우주 공간으로 날아가지는 않았다. 다만 원래 예정했던 햇볕이 잘 드는 평탄한 착륙 예정지에서 한참 벗어났다. 그리고 가파른 얼음 절벽 아래 그늘진 구석에 처박히고 말았다.

그렇게 10년을 날아간 로제타 미션의 피레이 탐사선은, 착륙 직후 불과 몇 시간 만에 잠들어버렸다. 착륙 직후부터 수집한 데이터를 오매불망 기다리던 천문학자들은 망연자실할 수밖에 없었다. 그렇게 피레이 착륙선의 기나긴 겨울잠은 시작됐다.

비록 착륙선은 실종됐지만, 지구에 남아 있는 천문학자들은 혜성 곁을 맴도는 궤도선 로제타를 이용해, 혜성 표면의 사진을 찍고, 착륙선이 어디로 굴러들어갔는지 샅샅이 뒤지기 시작했다. 하지만 그늘 속으로 사라지기 직전 혜성 표면에서 튕겼던 흔적만 발견될 뿐, 정확한 착륙선의 위치는 찾을 수 없었다. 그렇게 약 여섯 달가량, 혜성에 남아 있는 착륙선은 차갑게 꺼져 있었다.

피레이 착륙선의 극적인 답장

그러던 어느 날 놀라운 일이 벌어진다. 지구로 신호가 날아왔다. 영원히 잠들 것만 같았던 피레이 착륙선의 기상 인증 신호였다. 혜성 자체가 태양계 안쪽으로 날아가면서, 절벽 아래로 내리쬐는 햇빛의 방향이 틀어졌고, 착륙선을 덮었던 그늘이 걷힌 것이다. 그렇게 다시 야금야금 햇살을 받아 충전을 시작했던 착륙선은 잠에서 깨어나 그동안 혜성에 꽁꽁 얼려놓았던 데이터들을 대방출했다. 지금도 궤도선과 착륙선은 혜성에 달라붙어 혜성과 함께 태양계를 누비고 있다. 그리고 계속해서 새로운 데이터와 환상적인 혜성의 모습이 담긴 사진들을 쏟아내고 있다.

몇 달 간 이어진 피레이의 안타까운 잠수 사고에 실망하고, 곧바로 미션 종료를 선포했다면, 그래서 더 이상 탐사선의 신호를 받을 관제실이 없었다면, 운 좋게 깨어난 탐사선의 신호는 확인할 수 없었을 것이다. 끈질긴 과학자들의 집념과 인내, 그리고 기대 덕분에 아찔한 순간을 모면할 수 있었다. 기다림에 지쳐 금세 실망하지 않는 것. 그것이 바로 핵심이다.

2016년 9월 로제타 궤도선의 교신이 끊기며 공식적으로 로제타의 임무는 마무리 됐다. 로제타가 혜성 표면으로 추락할 때까지, 인류 최초의 혜성 착륙선은 계속해서 지구로 보내온 신호와 데이터를 바탕으로 혜성에 묻힌 지구 탄생 비밀을 파헤칠 것이다.

피레이 착륙선을 싣고 로제타 탐사선은 왜 그런 길고 무모한 여정을 떠났을까? 바로 이 차가운 혜성 조각에 우리 인류를 만든 레시피의 흔적이 남아 있기 때문이다.

지구를 만든 혜성

우리 지구는 표면의 70퍼센트에 가까운 넓은 지역이 바다로 뒤덮인 물의 행성이다. 곳곳에서 쉽게 바다와 강을 찾을 수 있다. 최초의 생명은 이 바닷속에서 출현하면서, 이 행성에 생명의 역사가 시작됐다. 가족, 친구, 심지어 집에서 키우는 애완동물의 몸은 콧물, 눈물, 핏물, 죄다 물로 이뤄져 있다. 당연히 이 지구에 존재하는 물은 원래 지구가 태어날 때부터 있었을 것이라 생각할 수 있다.

그러나 지구를 비롯한 대부분의 암석 행성들이 형성되는 과정을 보면 그렇게 유추하기는 어렵다. 태양이 갓 태어나고 그 주변에 뜨겁게 빛나는 부스러기들이 서서히 모이며 행성을 만들어가던 과거, 지구의 생일날로 돌아가보자. 그러면 크고 작은 암석 조각들이 서로 모이고 충돌하는 과정을 반복하며 크기를 불리고 있던 초기의 지구를 만날 수 있다.

수천만 년의 시간 동안 지속된 이 주변 암석들의 생일빵에 의해, 초기 지구는 충격파로 내부의 뜨거운 물질이 녹고 흘러나와 표면을 뒤덮은 마그마의 바다에 가까운 모습이었다. 이렇게 뜨거운 불지옥 상태였다면, 초창기 아기 지구의 표면에 물이나 얼음이 고스란히 남아 있을 거라 생각하기는 어렵다. 그나마 있었던 것마저 모두 증발해 사라져버렸을 것이다.

즉, 지구를 만들 때 초기에는 물이라는 재료가 거의 제대로 쓰인 적이 없다. 그런데 지금 우리가 살고 있는 지구는 물의 행성이다. 떡을 만드는 동안 나는 속을 채워 넣은 적이 없는데, 자고 일어나니 꿀떡이 되어 있는 셈. 그나마 가능한 답안은 이것 정도다. 찜통을 닫고 잠이 든 사이에 누군가가 와서 반죽 속에 설탕을 채워 넣고 도망갔다고. 천문학자들은 그 유력한 용의자로 혜성을 지목하고 있다.

혜성은 태양계 구석 끄트머리에 있는 얼음 덩어리다. 햇빛도 거의 비치지 않는, 태양도 그저 수많은 별 중의 하나처럼 겨우 보이는 먼 거리에서 대부분의 혜성들은 오르트 구름Oort Cloud이라는 거대한 무리를 이루며, 태양계 끄트머리에서 태양의 느슨한 중력에 붙잡혀 있는 것으로 예상하고 있다. 명왕성보다 더 먼 거리에 멀찍이 부유하고 있다. 가끔 이런 혜성 중 일부가 태양의 중력에 서서히 이끌려 태양계 안쪽으로 빠르게 날아오는 경우가 있다.

이런 혜성들이 태양의 중력에 이끌려 서서히 따스한 햇살이 비추는 태양계 안쪽Inner Solar Systerm으로 진입하면, 차갑게 꽁꽁 얼어 있던 혜성은 서서히 날아가기 시작한다. 태양에 가까워질수록 온도는 더 올라가고 가스로 승화하는 양은 더 많아진다. 드라이

아이스처럼 계속 연기를 내뿜으며 얼음 핵의 크기는 조금씩 작아진다.

혜성은 연기를 내뿜으며 태양계 공간에 긴 타원 궤도를 따라 빠르게 질주하는 폭주족이라고 생각할 수 있다. 태양에 가까이 다가올수록, 증발하는 가스의 양도 많아지면서 더 밝아지고 꼬리도 더 뚜렷하게 길어진다. 그래서 태양계 안쪽으로 찾아오는 대부분의 혜성은, 공교롭게도 태양에 바짝 붙어 있을 때 가장 밝고 잘 보인다. 때문에 초저녁이나 해가 뜨기 직전에 혜성을 가장 잘 볼 수 있다.

지구에서 하늘을 보면 혜성은 작은 올챙이 한 마리가 날아가는 것처럼 보인다. 때문에, 그 규모가 그리 크지 않은 것처럼 느껴진다. 하지만 실제로 혜성의 핵 뒤로 길게 뻗는 꼬리의 길이는 약 1억 킬로미터 수준이다. 이는 태양에서 지구까지의 거리 1억 5,000만 킬로미터에 맞먹는다. 이렇게 연기를 내뿜으며 공간을 질주하는 혜성은 헨젤과 그레텔이 빵가루를 흘리듯, 자기가 달려온 궤도 뒤편에 그 부스러기들을 고스란히 남겨놓는다.

혜성이 남긴 잔해물들이 지구가 태양 주변을 맴도는 지구 공전 궤도에 버려지는 경우가 있다. 그리고 지구가 오래전 혜성이 버리고 간 부스러기들을 뚫고 나아갈 때 그 얼음 부스러기들이 지구 대기권에서 불타며 지표면으로 떨어진다. 그것이 바로 아름다운 별똥별, 유성우다. 혜성과 별똥별은 엄연히 다른 현상이다. 별똥별은 우주에 떠 있던 작은 부스러기들이 지구 대기권 안으로 쏟아지며 나타나는 현상이고, 혜성은 아예 지구 바깥 태양계 공간 어딘가 멀리서 지나가는 별개의 천체다. 그러니 혜성에게 소원을 빌어봤자 소용없다. 소원은 접수조차 되지 않을 것이다.

지구가 갓 태어난 이후에는 태양 주변에 남아 있던 자잘한 부스러기들이 정리가 되지 않았다. 그래서 태양계 형성 초기에는 이런 불순물과 행성의 충돌이 지금보다 훨씬 더 잦았다. 태양계 가장 자리 초기 태양계를 만들고 남은 재료가 물과 함께 고스란히 얼어 있는 혜성들은 일부 태양계 안쪽으로 날아오기 시작했다.

길게 꼬리를 그리며 속도를 붙인 혜성들 중 일부가 지구의 궤도와 겹치면서 지구에 곤두박질쳤다. 그때 혜성이 품고 온 얼음들이 딱딱하게 메말라 굳어 있던 지구에 전해지며, 서서히 물을 보충하게 됐다. 계속 충돌 사례가 차곡차곡 쌓이면서 초기 지구에 존재하지 않았던 물이 채워졌다. 태양에서 멀지 않은 자리에서 적당한 기온을 유지하고 있는 지구의 좋은 환경 덕분에, 그렇게 배달된 물은 어디 도망가지 않고 대륙과 대륙 사이에 계속 고여 있을 수 있었다. 그 물이 증발해 구름과 강수 현상을 시작하며,

생명 순환의 첫 단추를 끼워 넣었다.

우리 혈관을 따라 흐르는 혈액이 오래전 태양계 끝자락에서 지구로 충돌한 혜성에서 기원한다는 이 놀라운 가설을 확인하기 위해, 천문학자들은 김치 냉장고만 한 착륙선을 탐사선에 실어서 혜성까지 날려 보낸 것이다. 혜성의 꼬리를 쫓아 최초로 그 표면에 발을 딛은 착륙선. 긴 겨울잠을 깨고 드디어 우리는 탐사선의 눈을 통해 물지게꾼의 정체를 바라볼 수 있게 됐다.

민들레 씨앗 같은 혜성, 그리고 인류

혜성은 어떻게 생겼을까? 물이 하얗게 얼은 얼음일까? 비슷하다. 눈이 온 다음날을 떠올려보자. 제설 작업 이후 매연과 함께 잿빛으로 범벅이 된 채로 얼어붙은 아스팔트 도로 위의 모습과 비슷하다. 이 혜성에는 물을 비롯한, 다양한 유기 물질이 함께 발견되고 있다. 이들은 지구상의 생명체를 이루는 DNA를 구성하고 있다. 즉 과거 지구에 추락한 혜성은 단순히 물뿐 아니라 생명체를 만들 다양한 재료를 함께 전달했을지도 모른다.

이런 관점으로 본다면, 인류는 바람을 타고 날아다니는 민들레 씨앗처럼 우주를 비행하던 혜성이 어쩌다 지구라는 행성에 내려앉으면서 시작된 종족이다. 생명의 씨앗을 싣고 우주를 날아다니는 얼음 화석, 혜성. 지금도 태양계 끝자락에는 수천, 수만 개의 얼음 덩어리들이 태양계가 태어날 때부터 존재했던 이 생명의 씨앗을 품은 채 차갑게 얼어 있다. 마치 우리가 멸망하면 지구에 생명을 복구하기 위해 대기하고 있는 것처럼.

자잘한 부스러기들이 가끔 지구로 떨어지듯, 화산 폭발이나 운석 충돌에 의한 지구의 파편이 역으로 우주 공간으로 날아갈 때도 있다. 만약 이렇게 지구에서 출발한 지구의 작은 조각이 먼 거리를 계속 날아가 태양계의 다른 행성, 혹은 외계의 다른 암석 행성에 추락한다면 어떻게 될까? 지구에 살고 있는 미생물과 각종 유기 물질이 잔뜩 묻어 있던 지구의 부스러기가 그 행성에서는 생명의 첫 단추를 끼우게 되는, 모노리스의 역할을 할지도 모른다. 이미 그런 일이 어디선가에서 벌어지고 있을지도 모른다. 그들에게는 우리가 조상인 셈이다.

그리고 이제, 그 민들레 씨앗이 자신이 뿌리내린 지구를 벗어나, 자신이 날아온 바람을 거슬러 진짜 고향을 향해 손길을 더듬어보기 시작했다. 마치 물살을 거스르는 연어처럼. 그렇게 천문학자들은 계속 태양계 구석을 향해 탐사선을 하나씩 띄워 보내고 있다. 신호가 끊긴 난파선이 될지도 모르는 불안한 운명을 안고, 탐사선은 인간을 대신해 태양계 가장 추운 곳을 향해 날아간다.

신호가 끊긴 탐사선에게는 이유를 알 수 없는 그 나름의 사연이 있다. 자주 교신이 끊기는 상습범의 입장에서 피레이를 변호하자면, 잠들어버린 당사자도 다시 잠에서 깨어나길 바라는 건 매한가지라는 점이다. 아마 수개월 간 탐사선의 신호를 기다렸던 관제실의 천문학자들만큼, 탐사선 역시 그늘을 밀어버릴 햇살을 고대했을 것이다. 결국 조금만 더 기다리다보면 애교 가득한 메시지가 다시 돌아오기 마련이다.

03

은하가 나누는 야릇한 상호작용

커플이 연애를 하면서 나눌 수 있는 가장 진한 스킨십은 무엇일까. 당연히 지금 당신의 머릿 속에 떠오르는 바로 그것. 섹스가 아닐까. 서로의 가장 솔직한 모습을 바라보며, 살과 살을 맞대고 나누는 진한 몸의 대화. 서로에 대한 믿음과 호기심이 최고조에 달했을 때, 그동안 참아왔던 마음의 문을 열고, 파트너의 육체를 받아들이며 새로운 역사를 쓴다.

서로의 중력에 서서히 이끌려 하나의 거대한 은하로 합체하는 병합 과정처럼, 결국 사랑이 절정에 달했을 때 마주하게 되는 종착지는 그 두 개체가 만나 하나로 합쳐지는 것인 듯하다.

현실이 된
그 남자의 상상

독일의 철학자 임마누엘 칸트는 일찍이 우리 우주를 보고, 우리은하와 같은 별 무더기가 곳곳에 여러 개 떠 있는 마치 다도해 바다 같은 섬 우주Island Universe라고 상상했다.

칸트의 상상이 놀라운 이유는, 천문학자들보다도 훨씬 더 이전에 그런 상상을 했기 때문이다. 칸트의 상상 속 우주는 곧 200여 년이나 뒤처진 천문학자들의 관측을 통해 현실로 확인됐다. 에드윈 허블Edwin P. Hubble, 1889~1953년이 처음으로 우리의 이웃 은하 안드로메다까지의 거리를 측정해, 우리은하 안에 포함된 가스 구름이 아니라 우리은하와 별개로 바깥에 아주 멀리 떨어져 있는 별개의 외부 은하라는 것을 처음 밝혀냈다. 우리 우주는 우리은하 못지않은 별 무더기들이 떠다니는, 천공의 성 라퓨타들로 가득한 세상인 것이다.

지금으로부터 불과 100여 년 전까지만 하더라도, 안드로메다 은하는 가을 하늘 안드로메다 별자리 부근에서 보이는 뿌연 가스 구름으로 알려져 있었다. 외부 은하라는 개념 자체가 없었다. 안드로메다는 다른 가스 구름과 마찬가지로 안드로메다 성운이라고 불렸다. 당시 안드로메다를 비롯해 일부 소용돌이치듯 독특한 모습을 하고 있는 나선 성운 몇 가지가 잘 알려져 있었다. 20세기에 들어오면서 천문학자들은 과연 이렇게 독특한 모습을 하고 있는 가스 구름들이 정말 우리은하 안에 포함되어 있는 것이 맞는지 의문을 품었다. 학계의 가장 뜨거운 이슈였다.

당시 칸트의 섬 우주론 가설을 지지했던 대표적인 천문학자 히버 커티스Heber D. Curtis, 1872~1942년는 안드로메다를 비롯한 많은 나선 성운들은 우리은하 바깥에 아주 멀리 떨어져 있는 별개의 외부 은하들이며, 태양이 바로 우리은하의 중심이라는 주장을 펼쳤다.

반면 그에 맞선 할로 섀플리Harlow Shapley, 1885~1972년는 안드로메다도 그저 우리은하에 포함된 수많은 가스 구름 중 하나에 불과하며, 우리 우주는 우리은하가 전부라고 주장했다. 또 커티스와 달리 그는 태양 주변 구상 성단들까지의 거리를 정밀하게 측정해 입체 분포를 그렸다. 그러고는 우리 태양계는 우리은하 중심이 아닌 외곽에 위치한다고 주장했다.

두 천문학자를 필두로 '우주는 우리은하가 전부다'라는 입장과 칸트의 말대로 '섬 우주'라는 파로 나뉘어 뜨거운 논쟁이 오갔다. 현대 천문학의 새로운 태동을 앞둔 시점에서 벌어진, 천문학 역사상 가장 흥미진진한 설전이었을 듯싶다.

반복되는 팽창과 수축, 변광성

이후 이 논란은 하버드 천문대의 여성 계산원 헨리에타 스완 리비트Henrietta Swan Leavitt, 1868~1921년의 뛰어난 통찰력과 그녀의 발견을 완벽하게 전달받은 꽃중년 천문학자 에드윈 허블에 의해 종지부를 찍게 된다.

리비트는 당시 하버드 천문대에서 관측한 별들의 사진을 바라보며, 규칙적으로 밝기가 변화하는 세페이드Cepheid 변광성들을 찾고 그 데이터를 기록하는 잡무를 보고 있었다. 어느 날 그녀는 밤하늘 사진에서 확인되는, 밝기가 규칙적으로 변하는 별들의 변광 주기와 별들의 절대 밝기를 정리하다가 아주 놀라운 사실을 발견했다. 더 밝게 빛나는 별일수록 밝기가 어두워졌다가 밝아졌다를 반복하는 변광 패턴의 주기가 더 길었다는 것이다. 즉, 밝은 별일수록 변광하는 주기가 더 느렸고, 더 어두울수록 주기가 빨랐다. 그리고 그 관계는 놀라울 만큼 깔끔한 관계를 갖고 있었다.

세페이드 변광성은 별이 진화하는 과정에서 불안정해지는 질풍노도의 시기에 해당한다. 세페이드 변광성은 나이가 들면서 중심의 핵융합 엔진이 잠깐 시들해지고, 내부의 뜨거운 팽창 압력이 약해진다. 그러면서 별을 중심으로 압축시키려는 중력이 조금 더 우세해진다. 따라서 이 거대한 가스 덩어리는 잠깐 수축하게 된다.

그런데 앞서 수축했던 변광성은 수축으로 전달된 에너지로 내부 중심의 온도를 살짝 오르고, 다시 가스 덩어리는 뜨거워진 중심부에 의해 잠깐 부풀어오르게 된다. 별은 이 불안정한 시기를 보내면서 수축과 팽창을 반복한다.

이 과정에서 별이 크게 부풀었을 때는 별이 조금 밝게 보이고, 다시 별이 작게 쪼그라들었을 때는 어둡게 보인다. 멀리서 관측했을 때 가만히 있던 별이 일정한 템포로 밝아졌다 어두워졌다를 반복하는 변광성의 형태로 보이는 것이다.

마치 쿵쾅쿵쾅대는 심장처럼 팽창과 수축을 반복하며 밝기가 규칙적으로 변화하는 세페이드 변광성의 주기와 절대 밝기가 아주 깔끔한 상관관계를 갖고 있다는 리비트의 발견은 천문학자들에게 아주 강력한 무기가 됐다.

멀리서 밝기가 변하는 세페이드 변광성을 발견한다면, 단순히 변광 주기가 며칠 정도 되는지만 가지고 별의 원래 절대 밝기를 구할 수 있다. 또한, 그것을 통해 겉보기 밝기와 비교해서 그 별까지의 진짜 거리를 계산할 수 있게 된다. 별까지의 거리를 꽤 정확하게 구할 수 있는 아주 좋은 거리 측정 방법을 하나 얻게 된 것이다.

이후 1925년 허블은 안드로메다 성운에서 깜빡이는 세페이드 변광성을 발견했다. 그리고 리비트의 법칙을 이용해 그 별까지의 거리를 꽤 정확하게 계산했다. 그가 구한 안드로메다까지의 거리는 놀랍게도 약 200만 광년. 우리은하를 한참 벗어난 머나먼 거리였다. 그 거리를 통해 추산된 안드로메다 성운의 크기는 우리은하에 버금간다. 허블의 발견을 통해 안드로메다는 우리은하 안에 위치한 성운이 아니라, 바깥에 멀리 위치하고 있는 별개의 파트너라는 사실이 처음 밝혀졌다.

칸트, 그리고 그의 섬 우주론을 지지했던 커티스의 주장처럼 우리 우주는 멀찍이 떨어진 은하들이 여기저기 자리하고 있는 다도해 우주다. 안드로메다까지의 실제 거리가 밝혀지고, 섀플리가 허블의 발견과 흥분이 가득 담긴 편지를 처음 펼쳐 보았을 때, 둘 모두에게 정말 가슴 벅찬 순간이었을 것이다.

은하도 하는, 그것

우주에 관해 엄밀하게 이야기하면 모든 은하가 자기 자리에 고정되어 있는 섬 같은 우주라고 하기에는 무리가 있다. 우주라는 바다를 부유하는 크고 작은 배로 가득한 곳이라고 보는 것이 좀 더 타당하다.

우리은하와 안드로메다를 비롯한 우주의 모든 은하 자체도 광활한 우주 공간을 빠르게 누비고 있다. 그리고 그런 여정 속에서 은하들은 운명처럼 곁에 다가온 다른 이웃 은하를 만나, 진한 스킨십을 나눈다. 이런 은하들은 솔로 은하에 비해 역학적인 이야기가 많다. 그래서 천문학자들은 외롭게 떠 있는 독립된 은하 하나가 아니라 다른 은하와 함께 얽혀 있는 한 쌍의 커플 은하를 공부하는 경우가 많다.

은하 하나에는 수천억 개의 별과 함께 그 별과 별 사이 공간을 메꾸고 있는 막대한 양의 가스 물질도 함께 뭉쳐져 있다. 그런데 이런 거대한 가스 뭉치들이 만나면 서로의 중력으로 뒤섞이며 화끈한 병합 과정을 거친다. 두 은하는 서로의 중력으로 상대방이 품고 있던 가스 외투를 서서히 벗긴다. 따뜻한 손길로 상대의 옷을 벗기고 속옷을 풀어내듯, 두 은하는 각자 파트너를 꽁꽁 싸매고 있는 가스 옷을 조금씩 풀어헤친다.

아무 일도 없었다는 듯, 충돌하지 않은 척 새침을 떠는 은하 커플도 가끔 있다. 그냥 눈으로 볼 때는 은하 2개가 같은 방향에 가까이 놓여 있다는 정도다. 실제로 그 은하 사이에 벌어졌던 뜨거운 섹스 스캔들을 입증하는 벗겨진 가스 옷가지가 천문학자의 눈에 보이지 않는다. 심증은 있는데 물증이 없다.

하지만 은하와 은하 사이를 이어주는 수소 분자 가스 관찰이 가능한 전파 망원경으로 이 은하 커플을 다시 보면, 모른 체하고 있는 두 은하 사이로 복잡한 흔적이 끝내 드러난다. 모두 천문학자들의 집착과 노력으로 이룬 결실이다.

이 두 은하가 서로 접근하며 하나로 합쳐지는 과정에서, 서로 상대방을 향해 어떤 방향으로, 어떤 속도로, 그리고 어떤 궤도를 그리며 다가가는지에 따라 다양한 상황이 가능하다. 그 체위에 따라 상호작용의 효율과 결과가 달라지기 때문이다.

실제로 지금까지 천문학자들의 매 같은 눈에 포착된 갓 충돌을 겪은 은하들의 사례들을 살펴보면, 상당히 다양한 체위로 전희를 즐기고 있는 것을 알 수 있다. 납작하게 펴져 있던 은하의 정중앙을 향해 다른 인접한 작은 은하가 돌진하면서, 거의 정통으로 파고들어가 둥근 외곽만 남겨놓은 경우도 있고, 거의 완벽하게 수직으로 두 납작한 나선 은하가 부딪히면서 가느다란 십자가의 모습을 하고 있는 경우도 있다.

종종 성관계의 노하우를 다루는 섹스 칼럼이나 잡지 기사를 보면, 굉장히 요상하고 색다른 체위를 추천하면서 독자들의 야릇한 도전 정신을 자극하는 경우가 있다. 두 육체의 자세와 접촉 그 자체에만 신경 쓰는 경우다.

하지만 그보다 더 중요한 것은 그동안 서로 오가는 사랑스러운 대화다. 동물적인 방중술과 온라인의 잡다한 게시글은 정작 가장 중요한 사랑의 조미료, 대화의 중요성을 잊어버리게 만든다.

각자의 입에서 흘러나온 달콤한 말 몇 마디는 공기를 타고 파트너의 귓속으로 흘러 들어간다. 이 과정은 유체역학의 일종으로 볼 수 있다. 그날 밤의 분위기, 방 안의 온도 등 주변의 환경에 따라 대화의 효과는 크게 달라진다. 물리적인 자극이 없어도 말 한 마디로 심장을 때리는 충격파를 형성할 수 있고, 호르몬이 분비되게 할 수도 있다.

우주에 분포하는 서로 인접한 은하들도 각자의 중력으로 곁의 파트너를 잡아당기며 거대한 하나의 질량체로 합체한다. 그때 은하들의 유체역학을 좌우하는 가스가 충분해야만 은하의 충돌이 뜨겁게 달아오를 수 있으며, 새로운 별의 탄생으로 이어질 수 있다.

가스가 부족한 메마른 은하들끼리 충돌하는 경우가 있다. 천문학자들은 이러한 경우를 건조한 병합Dry Merger이라고 부른다. 그저 두 질량체가 물리적으로 만나는 역학 관계일 뿐, 새로운 별이 탄생하기 어려운 경우다. 가스를 잔뜩 머금은 은하 간의 충돌, 촉촉한 병합Wet Merger이야 말로 새로운 별을 만들고 역사를 쓸 수 있는, 우주에 활기에 불어넣어주는 진정한 관계다. 중력과 마찰계수 따위를 계산하는 성인 잡지 속 저렴한 뉴턴 역학적인 팁들은 궁극적으로 도움이 되지 않는다.

천문학자들은 실제로 관측된 은하들의 정사 현장을 컴퓨터로 재현하기 위해, 시뮬레이션 속 가상의 은하들을 이리저리 비비고 던지고 충돌시킨다. 어떻게 하면 관측된 것과 똑같은 상황을 만들 수 있는지 다양하게 실험한다.

이 다양한 실험들의 적나라한 기록들이 상세히 설명된 천문학자들의 논문은 마치 은하 버전의 카마수트라를 연상시킨다. 하지만 안타깝게도 직관적인 뉴턴 역학에 비해 아직 유체역학에 대한 이해는 많이 부족하다. 단순한 방정식 몇 줄로 서술할 수 있는 비교적 간단한 중력과 달리, 유체의 운동은 아주 작은 입자들이 무작위하게 공간을 날아다니며 주변 환경에 아주 민감하게 반응하기 때문에, 컴퓨터 시뮬레이션으로 그 복잡하고 미묘한 흐름을 상세히 재현하는 데는 아직 한계가 있다.

가스 구름 하나의 변화를 계산하기 위해서 그 구름을 이루고 있는 가스 입자들 하나하나의 움직임과 상호작용을 전부 이해해야 하지만, 현재로서는 컴퓨터에게도 꽤 버거운 계산이다. 바로 이것이 현재까지 천문학자들이 구축한 은하들의 스킨십이 가진 한계다. 정작 은하들 사이의 상호작용에서 훨씬 더 중요한 역할을 하는 유체역학의 미묘한 감정선을 제대로 구현하지 못한, 현재까지의 시뮬레이션은 그저 밋밋한 목각 인형이라고 생각할 수 있다.

사랑을 닮은 하트 갤럭시

만약 연인과의 커플링에 사랑을 약속하는 문구를 새기고 싶다면, 나는 은하의 일련번호를 새기는 것을 추천하고 싶다. 가장 추천해주고 싶은 은하 한 쌍의 이름은 NGC4039 그리고 NGC4038이다.

지구에서 약 6,000만 광년 거리만큼 떨어진 채 두 은하가 한창 격렬한 스킨십을 나누고 있는 현장에 천문학자들이 붙인 일련번호다. 2개의 은하가 수억 년 전 서로의 중력에 의해 이끌리면서 각자 갖고 있던 납작한 모양이 해체되고, 하나의 은하로 합체하는 중간 과정을 목격할 수 있는 현장이기도 하다. 두 은하의 중심부를 기준으로 각자 가지고 있던 나선팔이 풀어지면서 길게 늘어진 모습이 더듬이 같다고 해서, 안테나 은하Antennae Galaxy라고도 부른다. 특히 이 두 은하가 만나면서 겹쳐진 두 중심부의 모습이 하트와 비슷해 천문학자들에게 사랑받는 명소이기도 하다.

이외에도 은하로 가득한 우주에서는 두 은하 섬이 맞붙어 거대한 섬으로 재탄생되는 현장을 많이 만날 수 있다. 두 은하의 충돌은 기본적으로 수억 년에 걸쳐 벌어지기 때문에 우리가 볼 때는 마치 상호작용하는 그 상태로 가만히 있는 것 같지만, 시속 수백 킬로미터의 빠른 속도로 서로를 향해 접근 중이다. 다만 은하 자체가 워낙에 크기가 크기 때문에 그 빠른 충돌 현장의 낌새가 느껴지지 않는 것뿐이다.

지난 수억 년 동안 다가오고 있고, 앞으로도 수억 년 동안 계속 함께 주변을 맴돌며 하나로 합체하게 될 두 은하의 이름. 이 우주에서 영원한 사랑을 나누는 커플들에게 단연코 최고의 롤모델이 되지 않을까.

꼭 안테나 은하가 아니어도 좋다. 이 우주 곳곳에서 적나라한 스킨십을 나누고 있는 은하들의 이름이 여러 커플들의 언약의 대상이 되어 반지와 목걸이에서 흔하게 찾을 수 있는 날이 오기를 바란다.

04

낮져밤져 명왕성 논란

많은 사람이 타인의 눈치를 보면서 살아간다. 특히 연애를 하고 사랑을 나눌 때, 상대방의 만족도와 리액션에 아주 민감하게 반응한다. 경우에 따라 오르가즘을 느끼는 순간까지도 상대의 눈치를 보는, 굉장히 이타적인 성향을 띄고 있다.

그렇다면 대체 어떻게 해야 상대방을 만족시킬 수 있는 능력자가 될 수 있는 것일까? 이 질문과 연결지어 명왕성을 생각하게 된다. 명왕성은 천문학자 모두를 만족시키고 싶었을 것이다.

새롭고 새로운 것을 찾다

섹스 어필에 있어 가장 민감한 주제가 바로 사이즈다. 클수록 좋다는 통념이다. 물론 잘 알겠지만 키 얘기가 아니다. 마치 밀림의 동물들이 서로의 뿔이나 꼬리의 길이를 재며 경쟁하듯, 우리 침대 위 연애 현장에서 비일비재하게 벌어지는 사이즈 논란.

상대적으로 사이즈가 작은 남성과 여성은, 단지 그 작은 크기 때문에 매력이 없다는 매우 억울한 세상의 질타를 받고는 한다. 단지 작다는 이유로 태양계 행성 목록에서 퇴출되어야 했던 불쌍한 명왕성처럼.

19세기 후반, 세상에 이름을 남겨보겠다고 천문학자들 사이에서 성행했던 새로운 행성 찾기 경쟁 덕에 명왕성이 발견됐다. 태양계 끝자락에서 해왕성과 천왕성이 발견되고, 천문학자들은 그 궤도를 계산하면서 천왕성의 궤도가 약간 뒤틀려 있다는 것을 확인했다. 단순히 해왕성의 영향만으로는 천왕성 궤도의 문제를 해결하기 어려웠기 때문에, 그 너머에 또 다른 거대한 행성이 천왕성의 궤도에 영향을 주며 조금씩 뒤틀리게 만들었을 것이라고 예측했다.

천문학자들은 그 미지의 행성을 행성 X^Planet X^라 불렀다. 매일 밤하늘을 바라보며 그 존재를 확인하려 했다. 태양계 가장 먼, 미개척지에 자신의 이름을 새기고 싶었던 천문학자들의 깃발 꽂기 경쟁은 치열했다. 화성에서 운하가 보인다고 발표한 일화로도 유명한 천문학계의 금수저 퍼시벌 로웰 역시 이 경쟁에 뛰어들었다. 이후에 그가 찍었던 밤하늘 사진에 이미 명왕성의 모습이 담겨 있었다는 것이 밝혀졌지만, 안타깝게도 그는 그것도 모른 채 세상을 떠나야 했다.

이후 명왕성을 공식적으로 처음 발견한 사람은 미국의 천문학자이자 로웰의 제자였던 클라이드 톰보Clyde Tombaugh, 1906~1997년이다. 밤하늘의 배경에 찍힌, 거의 움직이지 않는 별들 사이로 느리게 움직이는 흐릿한 점을 확인하면서, 행성 X로 불리던 해왕성 너머의 또 다른 태양계 천체를 확인한 것이다.

이후 그 천체에 태양계 최외각 미지의 행성의 존재를 예견했던 퍼시벌 로웰을 기리며, 그의 이름 이니셜 P와 L을 따서 플루토PL-uto라는 이름을 붙였다고 전해진다.

명왕성의 존재가 알려지기 전까지 그동안 태양계 행성 중 우리가 살고 있는 지구를 제외하고, 모든 행성은 오래전 유럽의 천문학자들이 발견한 것이다. 지금껏 발견된 모든 태양계 행성의 모든 작명은 유럽 천문학자들의 업적이었던 셈.

이런 와중에 우연히도 드디어 미국 천문학자가, 그것도 가장 멀어서 가장 발견하기 까다로운 태양계 가장 마지막 행성을 발견한다. 그 덕에 명왕성은 미국인들에게 국민 행성으로서 아주 큰 사랑을 받았다. 심지어 디즈니 캐릭터의 이름으로 사용되는 명예까지 안게 됐다.

한 가지 당황스러운 점은, 이후 다시 확인된 천왕성 궤도의 계산 결과가 잘못됐다는 것이다. 행성 X의 존재를 의심하게 했던 첫 단추가 사실은 계산 착오였던 것이다.

명왕성이 공식적으로 발견된 이후 70여 년간에 걸친 여러 관측을 통해 불확실했던 명왕성의 스펙이 조금씩 밝혀졌다. 그리고 명왕성을 그대로 태양계 행성으로 보아도 되는지에 대한 문제 제기가 계속됐다.

일단 겉으로 보이는 가장 큰 문제는 행성이라기에는 너무나 작다는 점이 언급됐다. 명색이 행성이라는 놈이 우리 지구의 달보다도 크기가 더 작으니까. 가장 최근 관측인 2010년 허블 우주 망원경의 관측으로 추정한 명왕성의 지름은 약 2,390킬로미터다. 이는 러시아 땅덩어리보다도 조금 더 작은 수준이다.

천문학자들은 명왕성이 너무나 작아서 당혹스러움을 감추지 못했다. 게다가 명왕성은 크기만이 문제가 아니었다. 통상적으로 태양계 안쪽에는 수성, 금성, 지구, 그리고 화성 같은 상대적으로 크기가 작은 암석형 행성들이 태양 주변을 돌고 있고, 그보다 더 먼 태양계 바깥 부분에는 목성을 비롯한 토성, 천왕성, 그리고 해왕성과 같은 거대한 가스 행성이 자리하고 있다. 그러나 명왕성이 발견되면서 태양계 안쪽에는 작은 암석 행성이, 바깥쪽에는 거대한 가스 행성이 있다는 이 간단한 패턴마저 어그러졌다.

그뿐만이 아니었다. 태양에서 아주 멀리 떨어져, 태양의 중력의 영향을 적게 받고 있던 명왕성의 궤도는 그동안 알려져 있던 행성과는 많이 달랐다. 태양으로부터 충분한 보살핌을 받지 못해, 다른 주변 천체들에 의해 민감하게 궤도가 틀어졌던 명왕성은 다른 행성들과 달리 굉장히 기울어진 삐딱한 궤도를 따라 돌고 있다. 수성에서 해왕성에 이르는 8개의 행성은 모두 황도면이라고 부르는 비슷한 평면상에서 궤도운동을 하고 있다. 마치 태양을 중심으로 하는 투명한 쟁반 위를 따라 맴돌듯, 다른 행성들의 궤도면은 모두 비슷한 평면상에 놓여 있다. 그러나 명왕성은 그 투명한 쟁반에서 한참 벗어나, 크게 기울어진 궤도를 돌고 있다.

게다가 그 궤도가 찌그러진 정도도 너무 심했다. 엄밀하게 따지면 태양 주변을 도는 다른 행성들도 완벽한 원은 아니고 조금 찌그러진 타원 궤도를 그리고 있다. 하지만 그 찌그러진 정도가 아주 미미하기 때문에 거의 원 궤도로 볼 수 있다. 반면 명왕성의 궤도는 아주 크게 찌그러진 타원 궤도로, 태양에서 가장 멀 때와 가장 가까울 때의 거리 차이가 무려 30억 킬로미터나 된다. 태양에서 지구 사이의 평균 거리만 해도 1억 5,000만 킬로미터뿐인 것을 감안하면, 그 20배나 되는 거리를 들락날락하는 명왕성의 궤도가 심상치 않다는 것은 어렵지 않게 유추해볼 수 있다.

심지어 그 궤도 중 태양에 가까이 접근하는 일부 구간에서는, 여덟 번째 행성인 해왕성보다 더 태양에 가까이 접근한다. 즉 특정한 시기가 되면, 아홉 번째 행성이었던 명왕성이 여덟 번째 행성인 해왕성보다 태양에 가까이 놓이는, 하극상이 펼쳐진 셈이다.

이런 명왕성의 일탈은 안티를 양산하기에 충분했다. 까도 까도 계속 이어지는 양파 같은 매력을 갖고 있던 명왕성은 점차 자격 논란의 중심에 서기 시작했고, 2006년 전 세계 천문학자들이 모인 자리에서 투표를 통해 그 운명이 결정되는 순간을 맞이하게 됐다.

어이없게 들릴 수도 있겠지만, 명왕성으로 인해 어떤 녀석까지 행성으로 불러줘야 할지에 대한 행성 자격 논란이 불거지기 전까지 천문학계에서 명확하게 공식적으로 명시한 행성의 정의는 아예 존재하지도 않았다. 우리가 명확한 사전적 정의 없이도 대충

눈대중으로 호수와 바다를 구분할 수 있는 것처럼, 명왕성이 판을 흐려놓기 전까지는 행성과 돌맹이의 구분 역시 눈으로 보면 충분한 일이었다. 어떻게 보면, 명왕성이 이 판을 흐려놓았던 덕분에 천문학계에 행성의 정의를 명확하게 다지는 계기를 마련할 수 있었다.

명왕성에 타격 입힌 행성의 사이즈 기준

이처럼 진작에 많은 문제를 갖고 있던 명왕성이 본격적으로 타격을 맞게 된 것은, 명왕성 너머 또 다른 소천체들이 추가로 발견됐기 때문이다. 칼텍의 천문학자 마이클 브라운 Michael E. Brown, 1965년~ 박사는 명왕성 너머 또 다른 열 번째 행성을 추가로 발견해 명왕성에게 새로운 동생을 찾아줄 계획이었다. 그의 끈질긴 연구 끝에 실제로 명왕성보다 더 먼 곳에 위치한 천체가 발견됐다. 그는 기쁜 마음으로 그것에 어떤 이름을 붙일까 고민하며 태양계에 식구를 추가할 계획이었다.

그런데 그가 발견한 새로운 태양계 막내 후보의 사이즈는 명왕성보다 더 컸다. 계속해서 그에 못지않은 소천체들이 발견됐다.

태양계 끝자락에는 명왕성처럼 크게 찌그러지고 기울어진 궤도를 돌며 비슷한 크기를 갖고 있는 소천체들이 아주 바글바글하다는 것이 새롭게 확인된 것이다. 게다가 이미 소행성으로 불리고 있던 화성과 목성 사이의 소행성 세레스Ceres 마저 다시 행성으로 추가해야 하는 것 아니냐 하는 문제까지 생겼다. 그리고 드디어 어디까지를 행성으로 정의해야 하는가, 라는 아주 본질적인 문제에 직면하게 됐다. 명왕성에게 새로운 동생을 찾아주고 싶었던 마이클 브라운 박사의 노력은 명왕성을 족보에서 내쫓게 만드는 계기가 된 셈이다.

명왕성을 중심으로 한 행성의 사이즈 기준에 관한 논쟁은 아주 치열했다. 물론 명왕성을 지키기 위한 반발도 만만치 않았다. 특히 미국 국민과 천문학자들을 주축으로 한 명왕성 지킴이 부대의 캠페인이 아주 다양하게 펼쳐졌다. '크기가 대수냐'라는 문구가 담긴 피켓을 들고, 명왕성을 지키고자 많은 시민들이 거리로 나왔다. 심지어 공식적으로 명왕성과 행성의 정의에 관한 표결이 진행됐던 2006년 국제 천문 연맹 회의 현장에서, 명왕성을 옹호했던 한 천문학자는 귀여운 디즈니 플루토 캐릭터 인형까지 들고 나와 감성 팔이 작전까지 펼칠 정도였다.

수년간 학교에서 배워왔던 '수금지화목토천해명'에서 '명'이

빠지게 될지, 쫓겨난다면 대체 무엇을 명분으로 해임하게 될지, 2006년 천문학자들의 명왕성 재검 결과에 모든 언론의 이목이 집중됐다.

명왕성, 파트너가 많은 죄

명왕성에게도 지구의 달처럼, 자신 주변을 맴도는 더 작은 위성 파트너들이 있다. 게다가 그 수는 무려 5개. 지구도 겨우 달이 하나 밖에 없는데, 크기도 작은 놈이 자기 몸도 제대로 못 가누면서 좀 무리한 것 같다.

더군다나 그중 가장 큰 위성인 카론Charon의 지름은 약 1,200킬로미터로, 약 2,300킬로미터 크기인 명왕성의 절반에 달한다. 상대적으로 그리 작지 않은 크기다. 명왕성 곁을 맴도는 위성이라기에는 부담스러운 파트너인 셈이다.

명왕성과 그 곁의 카론은 서로의 중력으로, 서로를 붙잡은 채 주변을 맴돌고 있다. 지구와 달의 경우는 그나마 지구가 조금 더 달에 비해 힘이 세기 때문에 지구가 조금이나마 주도적으로 중심을 잡고 있어, 지구 주변에 달이 맴돌고 있다고 이야기할 수 있다.

하지만 명왕성과 카론의 경우 둘 사이의 덩치 차이가 크지 않다. 심지어 둘의 질량 중심점이 명왕성과 카론 사이 허공, 즉 명왕성 표면 바깥에 있기 때문에 엄밀하게 이야기하면 별 2개가 엮여 있는 쌍성처럼 두 천체가 서로의 주변을 맴돌고 있다고 봐야 한다. 따라서 명왕성이 주도적으로 중심을 잘 잡고 카론이 그 주변을 맴돈다고 이야기할 수 없는 상황이다. 즉 누가 누구의 달이고 중심 행성이라고 구분하기가 참 애매하다.

게다가 카론 말고도 다른 4개의 돌맹이가 주변을 맴돌면서 명왕성을 계속 괴롭히고 있으니, 명왕성은 참 난감할 수밖에 없다. 자신의 덩치에 비해 너무 많은 파트너를 부리고 있었던 업보라고 할 수밖에. 명왕성은 자신의 파트너 카론을 압도적으로 리드하지 못하는, 연약한 녀석이다.

결국 이것을 빌미로 유럽 천문학자들은 명왕성을 태양계 행성 목록에서 탄핵시킬 수 있었다. 그리고 2006년 인류 역사상 처음으로 행성Planet을 과학적으로 규정짓는 기준이 만들어졌다.

첫째, 별 주변을 맴돌아야 한다. 명왕성은 그 궤도가 찌그러지기는 했지만, 그래도 태양이라는 별 주변을 잘 맴돌고 있다. 명왕성과 다른 행성뿐 아니라 소행성이나 혜성과 같은 자질구레한 부스러기들도 모두 태양 주변을 맴돌고 있기 때문에, 행성을 구분하기 위해서는 이보다 더 명확한 기준이 추가로 필요하다.

둘째, 자신의 중력으로 둥근 형태를 유지할 수 있을 만큼 충분히 무거워야 한다. 태양계에 흩뿌려진 소행성과 혜성을 비롯한 작은 부스러기 천체들은 크기가 아주 작고 둥글지도 않다. 이렇게 크기가 작은 녀석들은 중력이 너무 작아서 주변의 물질을 끌어모아 더 둥글고 예쁘게 자신의 모습을 반죽할 만한 힘을 발휘할 수 없다. 그래서 찌그러진 감자, 고구마 같은 모습을 하고 있다. 이 기준을 통해 못생긴 소행성과 혜성 들은 대부분 걸러낼 수 있다. 둥글둥글한 명왕성은 이 기준에서도 살아남는다.

셋째, 자기 주변에서 주도적인 궤도를 갖고 있어야 한다. 우리 지구와 달의 관계를 보면, 다행히 지구가 그나마 좀 더 압도적인 질량을 갖고 있기 때문에 전반적으로 지구가 둘의 관계를 리드하고 있다고 볼 수 있다. 그러나 명왕성은 카론을 비롯한 다른 위성들과의 관계를 보면 그렇지 않다. 명왕성의 왜소한 크기는 주변에서 자신을 괴롭히는 위성들을 버티기에는 역부족이었다.

단순히 위성의 수가 많다고 해서 문제가 되는 것은 아니다. 덩치가 큰 토성과 목성의 경우, 그 주변에 크고 작은 위성이 무려 60여 개다. 워낙에 덩치가 커서 압도적으로 60여 명의 파트너와 함께 안정적인 상태를 유지하고 있다.

끝까지 명왕성을 지키고자 했던 일부 천문학자들은 마지막으로 명왕성과 카론을 한 세트로 묶어서 이중 행성으로 보자는 제안을 했지만, 끝내 받아들여지지는 않았다. 만약 명왕성 곁에서 명왕성을 뒤흔드는 주변 천체들이 아예 존재하지 않았다면, 비록 명왕성이 마음에 들지는 않지만 그렇다고 딱히 행성의 지위에서 박탈시킬 뚜렷한 명분을 찾기 어려웠을 수도 있다.

운 나쁘게 명왕성은 천문학자들이 만든 행성의 정의, 세 번째 조건에 부합하지 못했다. 태양계 마지막 행성으로서의 명예는 그렇게 끝이 났다.

크기는 중요하지 않다고 달관할 즈음에

명왕성은 아무 잘못이 없다. 명왕성이 직접 행성 대열에 억지로 끼워달라고 로비를 한 것도 아니고, 원래 자기가 있던 궤도를 따라 존재할 뿐이었다. 그저 멀리 지구에서 명왕성을 구경하던 인간들이 멋대로 신이 나서 태양계 행성 목록에 추가했다가, 민망하게 이름을 빼버렸을 뿐.

명왕성을 태양계 행성으로 데뷔시켰다가 쫓아낼 때까지, 인류는 단 한 번도 명왕성의 실제 모습을 눈으로 확인한 적이 없다. 그저 밤하늘에서 어렴풋하게 보이는, 느리게 움직이는 작은 얼룩 정도로 그 존재만 확인했을 뿐. 다른 행성들처럼 탐사선을 보내 디테일한 사진을 직접 찍은 적이 없다. 얼굴도 모르는 애를 호적에 올렸다가 멋대로 쫓아낸 셈이다.

2006년 명왕성의 자격 심사가 진행되기 직전, 그해 1월에 당시 기준으로는 가장 먼 행성이었던 명왕성을 향해 뉴호라이즌스New Horizons 탐사선이 출발했다. 공교롭게도 명왕성 탐사선이란 이름으로 로켓이 지구를 떠난 이후에, 명왕성이 행성의 자격을 박탈당하면서 이 탐사선의 이름을 명왕성 주변 천체 탐사선으로 바꿔 부르는 웃지 못할 상황이 벌어지기도 했다. 이후 탐사선은 약 10년 동안 묵묵히 날아가 드디어 2015년 7월 최초로 명왕성의 바로 곁을 아주 빠르게 지나갔다. 그리고 명왕성과 카론의 민낯을 처음으로 공개했다.

탐사선이 보내온 사진 속 한 스쿱의 아이스크림같은 작고 귀여운 명왕성의 모습은, 많은 사람을 매료시키기에 충분히 아름다웠다. 그동안 태양계 대표 문제아로 찍혀 있던 명왕성의 민낯과 추가 관측 결과가 세상에 공개되면서 명왕성을 다시 복직시킬 수도 있지 않을까 하는 막연한 기대를 하는 사람들도 있다. 그러나 더 이상 행성이냐 아니냐, 크냐 작냐는 명왕성에게 의미없는 소모적인 논쟁일 뿐이다.

섹시함은 단순히 동물적, 신체적 부위의 사이즈에서 비롯되는 것이 아니다. 그 사람 자체에서 풍기는 묘한 매력이 중요하다. 작고 아담한 체구의 명왕성에는 그 어떤 행성에서도 볼 수 없는 지질학적 순수함이, 그리고 다른 행성과 달리 쉽게 방문할 수 없다는 도도함이 공존한다. 역설적이게도 애매하게 큰 천왕성이나 해왕성보다, 명왕성이 더 많은 인기와 사랑을 받고 있다. 명왕성에게는 자꾸 들여다보고싶은 오묘한 매력이 있다.

5장

130억 년 우주의 시작과 끝

"사랑은 다른 사랑으로 잊혀요."

01

서서히 멀어지며 이별을 준비하는 은하들

연말이 다가오면서, 친구들에게 간만에 얼굴이나 보자고 용기를 내어 연락을 해보지만, 다들 제 짝 챙기느라 정신도 시간도 없다. 나는 헤어졌는데 여전히 행복하게 연애한다고 유세 떠는 놈들. 어떻게 같이 술 먹을 시간도 못 내주나.

그렇다고 매번 친구들을 원망할 수는 없는 노릇이다. 시작이 있으면 끝이 있는 법이라고 했다. 누구든 언젠가 헤어지고 잊힌다. 가을날 거센 바람에 나뭇가지에서 떨어져 나오는 낙엽처럼, 나와 친구들은 각자의 인생을 따라 그렇게 뿔뿔이 흩어지고 있을 뿐이다. 사실 우주도 그렇게 산다.

단풍처럼 붉게 물드는 은하

여름이 지나 서늘한 계절 가을이 다가오면 거리는 울긋불긋하게 물들어간다. 아이러니하게도 이별을 앞두고 있는 가장 마지막 순간, 나무는 가장 아름답게 물이 든다. 나뭇가지를 떠나기 전 마지막 아쉬움을 색으로 표현하듯이 여름 내내 푸르렀던 나뭇잎이 가을을 맞으며 붉게 물들어가는 현상을 단풍이라고 부른다.

이와 같은 현상은 우주에서도 찾을 수 있다. 1929년 가장 거대한 크기를 자랑했던 윌슨 산 천문대 망원경으로 밤하늘을 바라보던 미국의 천문학자 에드윈 허블과 그의 동료 밀튼 L. 휴메이슨 Milton L. Humanson, 1891~1972년은 멀리서 희미하게 빛나는 외부 은하들을 하나씩 관측했다.

그들은 이상한 점을 발견했다. 망원경 시야 안으로 들어왔던 은하의 빛이 원래 보여야 하는 것보다 더 붉었던 것이다. 게다가 지구에서 더 먼 곳에 떨어져 있는 은하일수록 그 빛이 더 붉게 물들어가는 적색 편이 Red Shift를 겪고 있었다. 단풍잎처럼 은하들이 물들어가고 있었다.

시간이 지날수록 희고 푸르던 은하의 별빛들이 점차 붉게 물들어갔다는 것은 은하에서 지구로 날아온 별빛의 파장이 길게 늘어졌음을 의미했다. 이는 곧 지구와 은하 사이의 공간이 점점 늘어지면서, 그 사이를 날아온 별빛 역시 함께 늘어나며 빛의 파장이 길어졌음을 뜻한다.

더불어 더 멀리 떨어진 은하일수록 그 빛이 붉게 물들어가는 정도가 더 컸다는 것은, 그 은하와 우리 지구 사이의 거리가 더 빠르게 확장되고 있음을 의미했다. 100여 년 전 맑은 하늘 아래, 단풍으로 물들어가는 은하들을 바라보며, 그들은 처음으로 우리 우주가 팽창하고 있다는 사실을 관측적으로 증명한 것이다.

우주 공간 자체가 서서히 팽창하면서, 우리은하를 포함한 은하들이 서로 점점 멀어진다. 그렇다면 비디오를 거꾸로 되감듯 지금으로부터 과거로 시간을 거슬러 올라간다면 어떨까. 지금은 우리로부터 서서히 멀어지는 방향으로 도망가고 있는 은하들이 지금보다 과거에는 지금의 위치보다는 조금 더 지구에 가까운 위치에 놓여 있었을 것이다. 우주 공간에 있는 모든 물질이 하나의 작은 점으로 모여들 때까지 시간을 계속 거슬러 올라가보자. 그러면 더 이상 과거로 비디오 테이프를 돌릴 수 없는 벽을 마주하게 된다.

아주 오래전 작은 점에 이 우주의 모든 에너지와 물질을 가득 품고 뜨겁게 달아올랐던 초기 우주가 있었다. 이 뜨거운 초기 우주는 불안정한 상태를 얼마 버티지 못하고, 금방 폭발하고 말았다. 그 거대한 폭발과 함께 그 안의 모든 것을 토해내며 급속도로 우주 자체를 부풀리기 시작한다. 바로 우주의 시작을 알리는 빅뱅의 순간이다.

빅뱅이라는 아주 뜨거운 우주의 열대야 시기를 지나, 지금처럼 어둡고 차가운 냉혹한 검은 우주가 됐다. 지금도 우주는 팽창을 멈추지 않고 계속 성장 중이다.

결국 무한한 시간이 지나면 우주의 열 역시 지금보다 더 차갑게 식어가고, 영원한 혹한기에 접어들 것이다. 시간이 계속 흘러 먼 미래가 된다면, 그래서 은하들이 모두 뿔뿔이 흩어진다면, 그때 남아 있을 우리의 후손들은 지금보다 더 어둡고 차가운 우주를 보게 될 것이다. 천문학적으로 봤을 때, 지금 매순간이 바로 우리 평생 가장 아름다운 우주를 만끽할 수 있는 마지막 기회인 셈이다. 지금 이런 이야기를 하는 와중에도, 우주의 시간은 계속 흘러가고 있다. 조금이라도 서둘러 계속 저물어가는 우주의 전성기를 아쉬워하며 바라보는 이유가 여기에 있는지도 모르겠다.

가을은 1년 중 밤하늘이 가장 쾌청해 별을 마음껏 즐길 수 있는 계절이다. 또 무더운 여름과 추운 겨울 사이라서 밖에서 사진을 찍고 돌아다니며 나들이하기 좋은 날이 많기도 하다. 마지막으로 독서의 계절답게, 보다 더 넓은 세상을 상상하며 사색하게 되는 그런 계절이다.

지금 우리 우주는 빅뱅이라는 130억 년 전 펄펄 끓었던 여름을 지나, 먼 미래 우주가 통째로 차갑고 어둡게 식어버릴 매서운 겨울 사이의 계절을 지나고 있다. 그래서 바로 지금이 우주를 돌아다니고 망원경으로 기념사진을 남기며, 우주를 상상하기에 제격이다. 우주 곳곳에 만발한 은하들이 단풍잎처럼 붉게 물들어가며, 지금 우리 우주는 130억 년 째 가을을 만끽하고 있다. 가을이라고 하면 가장 먼저 떠오르는 꽃, 코스모스Cosmos. 그렇다. 가을은 정말 우주의 계절이다.

초신성에게 배운
이별의 가속도

관측 기기가 발달하면서, 우주의 끝자락에 가까운 먼 은하들의 희미한 빛도 관측할 수 있게 됐다. 특히 그 머나먼 왕국에서 폭발하는 초신성은 하염없이 먼 그 은하까지의 거리를 측정할 수 있게 도와주는 신호탄의 역할을 한다. 초신성은 무거운 별 하나가 생애의 마지막 순간 큰 폭발과 함께 자신의 몸을 불사르는 과정이지만, 그 폭발하는 순간의 최고 밝기는 은하 하나에 맞먹을 정도로 밝기 때문이다.

이 먼 은하들의 초신성 폭발을 통해, 천문학자들은 우주 끝자락에 놓여 있는 이 은하들이 얼마나 빠르게 멀어지고 있는지 그 속도를 측정했다. 놀랍게도, 이 우주 끝자락에 놓인 은하는 기존에 예상했던 것보다 훨씬 더 빠른 속도로 멀어지고 있었다. 허블이 처음 우주 팽창을 발견했던 것처럼, 먼 곳에 있기 때문에 가까운 은하에 비해서는 당연히 후퇴 속도가 더 빨라야 한다. 그런데 이 우주 끝자락의 은하들은, 그 거리를 감안하고서도 훨씬 더 빠른 속도로 멀어지고 있었다.

이것은 우주 팽창이 시간이 지나면서 그 팽창 속도 자체가 서서히 더 빠르게 가속되고 있음을 의미한다. 초창기 많은 천문학자들은 빅뱅의 여파로 팽창을 시작한 우주가 머지않아 서서히 팽창을 멈추게 될 것이라고 추측했다. 우주를 이루는 많은 물질들의 중력이 팽창을 멈추는 브레이크 역할을 해서, 서서히 팽창 속도가 느려지거나 일정하게 유지될 거라 예측했다. 우주 팽창이 시간이 지나면서 빨라질 것이라고는 예상하지도 않았다.

그런데 놀랍게도 최근에 관측되는 데이터는 우리 우주가 시간이 지날수록, 은하와 은하 사이의 이별 속도가 더 빠르게 가속되고 있다고 이야기하고 있다.

우주를 이루는 많은 물질들의 중력도 이겨내고, 더 빠른 팽창을 일으키고 있는 그 원동력은 무엇일까. 이 역시 아직 그 정체는 정확하게 밝혀지지 않았다. 암흑 질량과 마찬가지로, 미지의 어떤 에너지로 인해 우주가 더 빠르게 가속 팽창을 하고 있다고 막연하게 상상할 뿐이다.

천문학자들은 이를 보고, 미지의 에너지라는 뜻에서 암흑 에너지Dark Energy라고 부르기로 했다.

초신성 폭발을 통한 우주 끝자락 은하들의 거리와 후퇴 속도 측정으로, 우주가 가속 팽창하고 있다는 것을 발견한 3명의 천문학자가 있다. 사울 페리무터Saul Perimutter, 1959년~, 브라이언 P. 슈미트Brian P. Schmidt, 1967년~ 그리고 아담 G. 리스Adam G. Riess, 1969년~. 이들은 2011년 노벨 물리학상의 영예를 안았다. 일각에서는 논문이 발표되고 나서 굉장히 빠른 시일 안에 수상 결정이 난 경우였기 때문에, 확실하지도 않은 암흑 에너지와 가속 팽창에 대해 충분한 검토 없이 서둘러 수상한 것이 아니냐 하는 반론이 일기도 했다.

은하들의 이별 속도는 갈수록 더 빨라지고 있다는 잔혹한 현실을 받아들이지 못하고, 가속 팽창 우주론에 의구심을 품는 천문학자들이 있다. 그러나 지금까지 해온 관측과 시뮬레이션 연구들은 우주를 구성하는 에너지에 대해 이렇게 이야기한다. 상당 부분은 눈에 보이는 일반 물질도 눈에 보이지 않는 암흑 물질도 아니고, 바로 우주를 가속 팽창 시키고 있는 미지의 에너지, 암흑 에너지라고.

우리 우주의 대부분은 암흑 에너지, 이 뭔지도 모를 것으로 가득하다. 우주 전체의 물질과 에너지를 100이라고 했을 때 눈에 보이는 지구나 별과 같은 일반 물질은 전체의 4퍼센트뿐이다. 눈에 보이지는 않지만 중력을 통해 그 정체를 유추할 수 있는 암흑 질량은 23퍼센트 정도이다. 나머지 73퍼센트에 가까운 우주의 과반 이상은 전부 암흑 에너지의 몫이다. 무시무시한 현실이다.

에너지를 생산할 것도 없는 진공에서 유발하는 마법같은 에너지라니. 마치 아무것도 없는 텅빈 공간에서 에너지가 스스로 탄생하는 느낌이다. 진공인 공간 자체가 에너지를 만드는 것처럼 보인다. 실제로 천문학자들은 암흑 에너지의 기원을 설명하는 여러 가설 중 하나로 진공 에너지[Vaccum Energy]라는 가설을 심도 있게 연구하고 있다. 그들은 진공이 겉으로 보기에만 아무것도 없는 것처럼 보일 뿐이라고 생각한다.

도플갱어와 악수하면 둘 다 사라진다는 이야기처럼, 찰나의 순간 우주에 퍼져 있는 입자와 반입자가 서로 충돌하면 둘은 동시에 소멸한다. 진공처럼 보이는 텅 빈 그 자리가 에너지만 남기고 사라진 도플갱어의 흔적일 수도 있다. 아직 이 이론은 이론적인 단계에 머물러 있어, 다소 공상 과학물처럼 들리기는 하지만, 천문학자들은 이 마법의 정체를 알아내기 위해 지금도 갖가지 가능성을 열어놓고 연구를 하고 있다.

정말로 암흑 에너지가 이런 진공 에너지에서 그 기원을 두고 있다면, 점점 우주 팽창이 빨라지면서, 당연히 진공인 공간도 늘어날 테고, 그 결과 그 진공 공간에서 만들어지는 암흑 에너지는 더 늘어난다. 이런 과정을 계속 반복하면서, 우주는 시간이 지나면서 더 넓어진 공간에서 더 많은 암흑 에너지를 무한히 만들어내며 폭주할지도 모른다.

이렇게 하염없이 우주가 팽창하고 은하와 은하 사이가 멀어지게 된다는 다소 냉혹한 천문학자들의 예언은, 한 가지 질문으로 이어진다. 이렇게 우주의 모든 것들이 다 팽창하고 멀어지게 되면, 태양과 지구 사이도 결국 멀어져서 지구가 태양을 영원히 떠나게 되는 건 아닐까? 지구, 아니 우리 몸을 이루는 원자와 원자 사이의 결합력도 결국 암흑 에너지의 거센 힘을 버티지 못하고 결국 모두 찢어져 흩어지는 것은 아닐까?

정말 우주가 사라질 때까지, 지금 우리가 예측하는 대로 암흑 에너지의 영향력이 계속 커지게 된다면, 실제로 아주 먼 미래 우주에 존재하는 모든 것들이 원자 단위로 쪼개지며 사라지는 끔찍한 미래를 앞두고 있을 수도 있다. 이를 크게 쫙 찢어진다는 의미로 빅립Big Rip 우주라고 부른다.

그러나 당장은 내 몸이 배추처럼 쫙 찢어질까봐, 태양이 지구를 버릴까봐, 불안해할 필요는 없다. 태양과 지구는 우주 전체 관점에서 보면 너무나 짧은 거리에, 거의 달라붙어 있다고 보아도 무방할 정도로 가까운 거리를 두고 떨어져 있다. 물론 엄밀하게는 빛의 속도로도 무려 8분을 달려야 하는 1억 5,000만 킬로미터라는 아주 먼 거리이지만, 은하와 은하 사이 거리가 수천만, 수억 광년을 기본으로 하는 것을 감안하면 비교도 할 수 없이 짧다.

따라서 태양은 이렇게 가까운 거리에 놓여 있는 태양계 가족들을 쉽게 버릴 수 없다. 암흑 에너지가 우주 전체를 계속 빠르게 팽창시킬 정도로 강력한 마법이기는 하지만, 이런 작은 스케일에서는 그리 효과적이지 않다. 오히려 태양과 지구가 서로를 잡아당기는 중력이 더 끈끈하기 때문에, 큰 탈 없이 태양계는 제 모습을 유지할 수 있다.

태양계가 속한 우리은하 전체, 나아가 우리은하에서 가장 가까운 이웃 은하인 안드로메다 은하까지만 해도 암흑 에너지를 크게 신경 쓸 필요는 없다. 안드로메다 은하는 우리은하에서 약 250만 광년 떨어진 은하로, 우리은하와 아주 비슷한 납작한 원반 은하의 모습을 하고 있다. 그 크기는 우리은하보다 조금 더 큰 것으로 알려져 있다. 우리은하와 안드로메다 사이에서 서로를 끌어당기는 강한 중력은 암흑 에너지의 물살을 거스르기에 충분히 강하다. 심지어 두 은하 사이의 중력은 서로를 잡아당기고 있으며, 두 은하 사이의 거리는 서서히 가까워지고 있다.

항상 오늘의 안드로메다는 어제보다 더 가깝다. 지금으로부터 약 30억 년이 지나면 우리은하와 안드로메다, 납작한 두 원반 은하는 하나로 합쳐지며 난잡한 충돌의 순간을 겪게 된다.

그 모습을 지구에 남아 있는 후손들이 계속 지켜본다면 아주 화려할 것이다. 서서히 크기가 커지는 안드로메다 은하의 모습. 그리고 안드로메다의 중력에 의해 우리은하의 모양 자체가 뒤틀리면서, 지구의 밤하늘에서 은하수의 형체가 일그러지기 시작할 것이다. 그렇게 두 거대한 별 메트로폴리탄의 충돌 끝에, 거대한 하나의 타원 은하로 병합하는 과정을 바라보게 될 후손들이 부럽기도 하다. 천문학자들은 우리은하Milky Way와 안드로메다Andromeda가 합쳐지면서 만들게 될 미래의 거대한 은하를 일컬어 밀코메다Milkomeda라고 부르고 있다. 아직 충돌하려면 30억 년이나 남았는데,

물론 안드로메다보다 훨씬 더 먼 수억 광년 거리씩 떨어져 있는 은하들 사이에서 나누는 중력은 우주의 가속 팽창을 버티기에는 역부족이다. 너무 거리가 멀기 때문에 이 정도 우주 스케일에서는 중력이 더 이상 우주 팽창을 버티는 접착제 역할을 할 수 없다. 우주가 서서히 나이를 먹어가면서, 다른 대부분 은하는 우리 은하로부터 서서히 멀어진다. 다만 우리 곁을 지키는 우리은하의 유일한 짝, 안드로메다만이 그 외로운 곁을 맴돌며 서서히 우리를 향해 다가오고 있다.

매년 보내는 1년의 시간은, 짧은 인연들의 연속이다. 그 짧은 인연들은 마치 붉게 물들며 도망가는 대부분의 외부 은하들처럼 적색 편이를 남길 뿐이다.

하지만 그 오랜 시간, 우리 곁을 떠나지 않고 계속 남아 있는 단 한 사람. 바로 안드로메다 같은 사람이 있다. 지금 이 순간 당신 곁에 남아 있는 그 누군가는, 천문학적으로 봤을 때, 모든 것을 이별하게 만들어버리는 우주의 거센 팽창을 버티고, 꿋꿋하게 곁을 지키고 있는 사람이다.

오늘밤은 그 사람과 손을 꼭 잡고 밤하늘을 올려다보며, 우주 팽창의 거친 물살을 버티자. 서로의 손을 잡은 악력, 그 강력한 힘을 느껴보자. 안드로메다는 지금도 우리를 향해 다가오고 있다.

02

모두의 첫사랑이 우주에 남기고 간 강렬한 흔적

연애를 하다보면 머지않아 부딪히게 되는 가장 큰 고비 중 하나. 상대가 나의 연애를 물을 때다.

"오빠는 내가 처음이야? 나 전에 연애한 적 있어?"

지금의 알콩달콩한 온도를 유지하기 위해 선의의 거짓말을 해야 할까, 지금 솔직하게 말하는 것이 나을까?

시간 여행이 가능해진다면, 연애 흔적 지우기 사업이 홍행할 것 같다.

나의 대답을 기다리는 그녀의 눈빛이 따갑다. 거짓말을 하면 알아챌 거다. 천문학자가 별의 과거를 살펴볼 수 있는 것처럼.

망원경으로 살펴보는 별의 깜깜한 과거

안타깝게도 우주의 시간은 무조건 한 방향, 마치 활시위를 떠난 화살처럼, 과거에서부터 현재를 지나쳐 미래를 향하는 하나의 방향으로 아주 빠르게 흘러가고 있다. 우리는 공상 과학 영화에서처럼 자유자재로 시간을 넘나드는 기술을 아직 갖고 있지 않다. 결국 과거는 그 단어 자체만으로도, 다시는 돌아갈 수 없는, 그저 머릿속에서 그 흔적을 거슬러 올라가며 떠올릴 수밖에 없는 굉장히 애틋한 감정을 전달해준다. 이처럼 시간이 우리에게 특별한 이유는 아마도 우리가 그 시간을 제어할 수 없다는 데 있지 않을까. 우리는 그저 시간이라는 거센 물살을 따라 떠다니는 부유물 같다.

그러나 순전히 머릿속 기억력으로만 과거를 떠올렸던 오래전과는 달리, 지금은 각종 소셜 미디어를 통해 스스로 자신의 자취를 남긴다. 셀프 사진관의 시대가 열리면서, 흑역사를 비롯해 리즈 시절에 이르기까지 나의 다양한 과거사들이 낱낱이 온라인 공간에 새겨져 있다. 이제는 담벼락을 타고 아래로 내려가기만 하면 금세 과거의 순간을 다시 눈으로 확인할 수 있는 시대다.

쓸데없이 친절한 소셜 미디어의 기능 덕분에, 우리는 가끔 친구들의 감추고 싶은 과거사를 굳이 다시 들추며 재미있어 하기도 한다. 다들 흐릿한 기억으로만 추억하고 있던 순간을 다시 한번 끄집어내주는 이런 짓궂은 장난에는 묘한 쾌감이 있다.

이처럼 과거를 다시금 꺼내 확인하는 것은 아주 매력적이다. 과거에 대한 집착이라면 단연코 천문학자들이 타의 추종을 불허한다. 지난 130억 년간 흘러왔던 우주의 과거를 하나하나 눈으로 담기 위해 천문학자들은 매일 밤 하늘을 향해 망원경을 돌려, 계속 우주의 담벼락을 거슬러 올라가기를 시도하고 있다. 그러나 우주는 수줍음이 많고 워낙에 비밀스러워서, 자신의 과거사를 쉽사리 보여주지 않는다. 이처럼 불친절한 우주의 과거사를 캐내기 위해 사용하는 무기가 바로 망원경이다.

많은 사람들은 망원경이라고 하면 멀리 있는 대상을 크게 확대시켜주는, 일종의 비싼 돋보기쯤으로 생각한다. 가끔 열정적인 사진 기자들이 갖고 다니는 대포 주둥이 같은 망원 렌즈처럼, 멀리 있는 피사체의 모습을 크게 확대시켜주는 것이 전부라고 알고 있는 경우가 많다. 그러나 실제로 천문학자들이 사용하는 망원경의 용도는 많이 다르다. 망원경의 실제 기능은 단순한 확대가 아닌 수집이다.

멀리서 희미하게 빛나는 별의 빛을 수집하는 것이다. 별은 워낙에 멀기 때문에, 망원경이 확대경으로써 역할을 하지는 못한다. 대신 큰 망원경의 렌즈를 통해 멀리서 날아오는 별들의 빛을 계속 모은다. 오랜 시간 망원경의 눈을 열어놓고, 계속 별을 향해 망원경의 시야를 조준한 채 별빛을 모은다. 오랜 시간동안 계속 하나의 별만 바라보면서, 그 별에서 나오는 희미한 빛을 계속 모으면, 눈으로 잠깐 볼 때는 볼 수 없었던 어두운 구조와 형체들이 드러난다. 멀리 숨어 있는 별의 작은 속삭임을 듣기 위해서는, 춥고 외로운 밤하늘 아래 희미한 별빛을 기다려줄 수 있는 굉장한 인내심이 필요하다.

현재에서 과거를 들여다보는 망원경

물리적으로 시간을 거슬러 올라가 과거를 바꾸는 행위는 불가능하다. 하지만 과거의 순간을 눈으로 직접 확인하는 것까지는 가능하다. 실제로 지금으로부터 10년, 100년, 심지어 수억 년 전의 우주를 우리 두 눈으로 직접 볼 수 있는 타임머신이 존재한다. 바로 망원경이다.

어떤 사람이 망망대해의 무인도에 표류하고 있다. 정신을 차리고 보니 그의 주변에 남아 있는 것은 빈병과 종이 쪼가리뿐. 휴대 전화가 터지지 않는 곳이라 연락할 수도 없다. 영화에서 본 것처럼 지푸라기라도 잡는 심정으로 SOS 메시지를 써넣은 유리병을 바다 속으로 던진다. 만약 해류가 한 방향에 일정한 속도로 흐른다면, 며칠 뒤 누군가 그 병을 운 좋게 발견했을 때, 그 메시지가 얼마나 먼 곳에서 언제 날아온 것인지 대략 짐작할 수 있다.

여기서 핵심은 그 병 속의 메시지가, 그 병을 발견했을 때가 아니라 그 보다 더 과거에 작성된 것이라는 점이다. 즉, 병 속의 메시지는 언제 발견하든 과거의 메시지다. 만약 섬에서 많이 떨어지지 않은 곳에서 병이 운 좋게 발견된다면, 병 속의 메시지는 그리 오래지 않은 가까운 과거에 작성된 것이고, 비교적 더 먼 곳에서 발견된다면 그만큼 더 과거의 메시지가 되는 것이다. 망원경으로 담는 별빛 역시 이 병 속의 메시지와 마찬가지다.

만약 우리 지구에서 약 1억 광년 떨어진 외계의 별에서 지금 지구를 바라보고 있다고 생각해보자. 그들 외계 망원경은 아주 성능이 좋아서, 지구 표면 위에 있는 것들까지 잘 분해되어 보인다고 생각해보자. 그렇다면 지금 그들의 망원경에 도착할 빛은, 지금으로부터 1억 년 전에 지구에서 출발한 빛이어야 한다. 즉, 그들의 망원경에는 지금 우리의 모습이 아니라 1억 년 전 공룡이 뛰

놀던 지구가 보인다. 우리 지구의 옛 모습이 궁금하다면, 바로 눈으로 확인할 수 있는 방법이 있다. 바로 수십, 수백만 광년 떨어진 별에 가서 우리 지구를 관측하는 것이다.

우주의 모든 별은 빛을 내고, 그 빛은 우리를 향해 날아오고 있다. 우주 공간을 가로질러, 우리 지구의 망원경 그리고 우리 눈으로 올 때까지 별빛의 속도는 일정하다. 1초 만에 지구를 7바퀴 반이나 돌 정도로 아주 빠르기는 하지만, 일정한 속도로 그 값이 정해져 있다. 따라서 더 멀리서 날아온 별빛은 그만큼 더 오랜 시간이 걸려야 지구의 관측자에게 도달할 수 있다. 즉, 더 멀리 있는 별의 빛에는 더 오래된 이야기가 담겨 있다. 망원경을 통해 보이는 별의 모습은 지금 현재의 모습이 아니라, 과거의 모습이다.

천문학자들이 자꾸 구름보다 더 높은 산에 더 큰 망원경을 건설하고 우주에 우주 망원경을 띄우는 것은 바로 이것 때문이다. 별과 은하의 빛이 거의 보이지 않는 머나먼 우주의 끝을 향해 망원경의 시야를 고정하고, 오래도록 빛을 모아 그 우주의 과거를 있는 그대로 망원경에 기록하기 위해서다. 천문학자들은 지금까지 비공개로 감춰져 있던, 우주가 갓 만들어졌던 아주 오래전의 이야기까지 들추며 우주의 치부와 흑역사를 캐내기 시작했다.

과거는 오히려 미래보다 더 멀게 느껴지는 것 같다. 이미 지나가버린, 그래서 다시는 돌아갈 수 없다는 애틋함은 우리를 과거에 더 집착하게 만든다. 그저 상상에 맡기면 되는 미래와 달리, 과거는 이미 지나쳐온 시점이기 때문에 분명 특정한 사건이 존재한다. 미래는 누구도 정답을 알 수 없지만, 과거는 이미 지나온 시간이기 때문에 현상과 상황에 관한 정답이라는게 존재하는 셈이다.

천문학자들은 그 과거라는 정답을 맞추기 위해 망원경으로 흩어진 시간 조각을 하나씩 꿰어 맞추고 있다. 쉽게 답을 내주지 않는 우주의 과거사를 하나씩 들춰내는 일은 매력적이다. 거대한 비밀을 감추고 있는 우주를 무장해제시키는 듯한 쾌감. 사랑하는 사람의 과거를 캐내고 싶은 욕망은, 어쩌면 우주를 바라보는 우리의 습성에 기원하는지도 모르겠다.

연애사 중에서도 단연 존재감이 큰 것은 첫사랑일 것이다. 사랑이 뭔지도 몰랐던 시절, 부끄럽고 허접한 연애사. 하지만 첫사랑은 단순히 그 '처음'이라는 것만으로 한 사람의 인생에서 내내 영향을 준다. 첫사랑을 하면서 다져지기 시작한 연애관은 그 다음 연애에도 영향을 준다.

과거를 거슬러 계속 캐고 캐다보면 결국 이 첫사랑이라는 장벽에 부딪힌다. 더 이상 캘 수 없는 마지막 종착지다. 천문학자들이 우주의 과거를 계속 꼬리에 꼬리를 물고 거슬러 올라가면서, 우주에서도 이런 더 멀리 캘 수 없는 마지막 한계에 다다르게 됐다.

우리가 망원경이라는 타임머신을 통해, 가장 최대한 캐낼 수 있는 한계. 바로 우주에게 첫사랑과 같은 순간. 그것은 바로 우리가 관측할 수 있는 가장 오래된 우주의 빛. 우주에서 처음으로 새어나오기 시작했던 태초의 빛이다.

우주 태초의 빛을 관측하게 된 것은 사고였다. 이것을 처음 발견한 사람들은 천체물리학적인 이해가 거의 없던 엔지니어들이었다. 1964년 거대한 소라 껍데기처럼 생긴 전파 안테나의 성능을 개선하기 위해 근무하고 있던 벨 연구소의 아르노 펜지아스Arno Penzias, 1933년~와 로버트 윌슨Robert Wilson, 1936년~에게는 큰 골칫거리가 있었다. 값비싸고 거대한 안테나에서 자꾸 잡음이 잡혔기 때문이다. 그 거대한 안테나를 통해 밤하늘에서 날아오는 미세한 전파를 잡으려던 계획이 있었는데 원인을 알 수 없는 노이즈가 방해를 했다. 안테나 안쪽에 비둘기들이 만들어놓은 둥지도 치우고 새들이 날아올 때마다 총까지 쏘면서 열심히 잡음을 없애려 했지만, 모두 헛수고였다.

그들을 괴롭혔던 이 잡음은 애초에 피할 수 있는 것이 아니었다. 사방, 우주의 모든 방향에서 날아오는 아주 미세한 잡음. 그것은 우주의 모든 곳에서 날아오는, 빅뱅 대폭발의 여운이었다. 지금으로부터 130억 년 전 거대한 폭발과 함께 형성된 우주가 남긴 뜨거웠던 여파가, 우주가 계속 팽창되면서 서서히 식어 아주 미세한 잡음의 수준으로 세기가 약해진 것이다.

사방에서는 아주 고르게 똑같은 온도의 전파 에너지가 수신되고 있었고, 그것이 바로 우주에서 처음으로 새어나오기 시작한 빛의 흔적이다. 새똥이나 치우던 그들이 머지않아, 이 발견을 통해 노벨 물리학상을 타게 될 것이라고 누가 상상이나 할 수 있었을까.

당시 그들을 괴롭혔던 이 미세한 전파 신호는 절대온도 약 3도에 불과한, 아주 낮은 온도의 잡음으로 들리고 있었다. 지구 밖, 우주의 속삭임이 분명했다.

놀랍게도 그들이 포착한 잡음의 에너지는 몇 년 전부터 조지 가모프를 비롯한 많은 물리학자들이 예측한 우주의 평균 온도와 딱 들어맞았다. 바로 빅뱅을 가정했을 때, 뜨거웠던 빅뱅 이후, 지금까지 고르게 식어왔을 우주의 평균 온도와 비슷한 수치였다. 당시까지만 해도 그저 수많은 가정 중 하나에 불과했던, 빅뱅 가설이 정론으로서 당당하게 자리매김하게 되는 순간이었다.

빅뱅 직후에는 우주가 충분히 팽창하지 못했다. 그래서 온갖 입자들이 밀집되어 있었다. 빛조차 빠져나올 수 없을 정도로 입자들의 밀도는 아주 높았다. 그러나 서서히 우주가 팽창하고 짙은 입자의 안개가 걷히면서 그 틈으로 빛 에너지가 새어나오기 시작했다. 우주에 드디어 빛이라는 것이 존재하게 된 것이다. 이 태초의 빛은 우주가 팽창하는 동안, 계속 함께 파장이 늘어지고 에너지가 작아지면서 지금의 낮은 온도까지 식어왔다.

우주 전역에 깔린 배경음악마냥, 은은하게 퍼져 있는 이 서늘한 에너지. 천문학자들은 이 전파를 우주 배경 복사[CMB, Cosmic Microwave Background]라고 부른다. 정규 방송이 끝난 새벽, 전파가 잡히지 않는 TV를 켜면 하얗게 치지직 거리는 화면을 볼 수 있다. 이 무의미하고 시끄럽게만 보이는 노이즈 화면에는, 바로 우주에서 쏟아지는 미세한 잡음이 일부 섞여 있다. 방송이 끝난 새벽 TV 화면을 켜놓은 채 잠들어 있는 동안, 거실에서는 우주의 탄생을 증명하는 파도 소리가 생중계되고 있는 것이다.

빅뱅, 사랑이 변한다는 증거

지금은 빅뱅 우주론이 아주 당연하게 들리지만, 불과 몇 십 년 전까지만 해도, 주류 천문학자들에게 무시받는 아주 해괴망측한 소설 같은 가설에 불과했다. 수십억 년 째 우주가 팽창해오고 있으며, 심지어 우주가 처음에는 하나의 점이었다니. 빅뱅은 순전히 물리학적인 상상력이었다. 빅뱅 이론은 매력적인 동시에 선정적이었다.

당대 물리학계를 주름 잡았던 아인슈타인Albert Einstein, 1879~1955년을 비롯한 많은 과학자들은 우주는 시간에 관계없이 항상 변함없는 상태로 모습을 유지한다고 믿었다. 하지만 허블에 의해 우주가 팽창하고 있다는 것이 밝혀지면서, 약간의 수정이 불가피했다.

그중 천문학자 프레드 호일Fred Hoyle, 1915~2001년은 우주가 팽창하는 것은 인정하지만, 늘어나는 부피만큼 같은 비율로 계속 물질이 생성되면서 우주의 밀도가 거의 일정하게 유지되며 한결같다는 정상 우주론Steady State Theory을 주장했다.

그는 한때 인터뷰에서 당시 대폭발 이론을 주장하던 사람들을 향해 비아냥거리느라 빅뱅이라는 용어를 처음 사용했다. 그가 보기에 허무맹랑한 이야기를 하는 사람들을 보며 "우주가 크게 뻥!Big Bang 하고 터졌다더라"라면서 비난했다. 하지만 후에 그 이론을 반박할 수 없는 증거들이 새롭게 관측됐다. 결국 우주가 뻥! 하고 터졌다는 그 이론은 빅뱅 이론Big Bang Theory이라는 이름으로 세상에 공개됐다. 공교롭게도 대폭발 이론을 비꼬기 위해 만들었던 호일의 네이밍 센스만큼, 이 이론을 잘 설명할 수 있는 다른 이름은 없었다. 빅뱅 이론이라는 이름은 세계 제일 빅뱅 안티 팬클럽 회장이 지어준 셈이다.

빅뱅은 우주가 한결같지 않다는 증거다. 우주는 지금 이 순간에도 시간에 따라 변화하고 있고, 그 공간의 크기를 부풀리며 점차 밀도가 작아지고 있다. 우주에 있는 모든 것들은 변화한다. 우리는 그런 130억 년에 걸친 에너지와 물질의 변화 공정을 거쳐 우주가 갓 만들어낸 최신 상품인 셈이다.

빅뱅 직후 서서히 뜨겁게 모여 있던 입자들의 밀도가 낮아지고, 짙은 안개가 걷히면서, 태초의 빛이 새어나오기 시작했다. 우리는 지금 그 여운을 우주 배경 복사라는 잡음의 형태로 엿들을 수 있다.

우주는 한결같지 않다. 사랑도 그렇다. 시간이 흐르면서 식기도 하며, 곳곳에서 크고 작은 폭발이 일기도 한다. 그런 유한함이 있어서 이 우주가 아름답다.

03

사라진 '이 별'은
다시 '새 별'로 환생한다.

연인과 수많은 시간과 추억을 공유하면서 우리는 자연스럽게 서로에게 익숙해진다. 그 시간동안 자연스럽게 추억의 때가 묻는 셈이다. 그 추억의 조각들은 씻을 수 없는 흔적이 된다. 나의 피부의 일부가 되고, 고스란히 남아 앞으로의 나의 인생에 계속 영향을 준다.

폭발과 함께 사라진 별처럼 모든 사랑은 항상 흔적을 남긴다. 가슴 깊은 곳에.

빛나는 것들의 정해진 미래

태양을 비롯한 모든 별은 각자의 질량에 따라 정해진 수명이 있다. 대부분의 별들은 그 수명이 다하면 시한폭탄처럼 거대한 폭발과 함께 사라진다. 별들은 이런 성대한 장례식을 겪으면서 자신이 일생을 살아가는 동안 핵융합 엔진을 불태우며 심장 깊은 곳에 차곡차곡 쌓아놓았던 노폐물을 주변의 우주 공간으로 내보내게 된다.

별들은 일생 동안 핵융합이라는 독특한 방식을 통해 수소와 헬륨과 같은 가벼운 원소를 땔감 삼아 이들을 뭉치면서 더 무거운 원소들을 만든다. 그렇게 만들어진 무거운 원소들을 바로 태우지 못하고 찌꺼기처럼 남기게 된다.

우주에 존재하는 원소 중 가장 안정된 상태가 바로 철 원소이다. 아무리 무겁고 내부 에너지가 들끓는 혈기 왕성한 우량아 별이라 하더라도 철보다 더 무거운 원소를 만들 수는 없다. 수소와 헬륨, 탄소, 산소를 넘어 계속해서 중원소 찌꺼기를 중심에 만들다가 결국 별의 중심에 철 원소가 타지 못하는 재가 된다면, 그것은 곧 별의 화려한 종말을 부르는 불씨가 된다. 우리 모두 상대방의 무례한 행동을 두고 보며 가슴속에 쌓을 수 있는 앙금의 한계가 있듯, 별들에게는 중심에 누적된 철 원소가 바로 참을성의 한계인 셈이다.

특히 태양보다 더 무거워 그 속에 품고 있는 에너지가 훨씬 뜨거운 별들은 더 격렬한 폭발로 자신의 죽음을 알린다. 더 이상 에너지를 만들기 위해 태울 땔감이 남지 않은 별의 엔진은 작동을 멈춘다. 별의 빵빵한 크기를 유지시켜줄 수 있는 내부의 열에너지가 갑자기 사라지면서, 별은 자신의 비대한 체중을 버티지 못하고 강한 중력에 의해 급격하게 수축한다.

이 수축은 순식간에 벌어지며 거의 붕괴에 가깝다. 높은 빌딩이 1초 만에 폭삭 가라앉는 것과 비슷하다. 별들을 이루는 모든 가스 입자들이 한순간에 중심으로 자유낙하를 하는 셈이다. 그 충격은 고스란히 별의 외곽부에 전해지며, 순식간에 외곽부를 모두 날려버리는 강한 진동을 발생시킨다. 우주에서 가장 거대한 폭발이다. 수억, 수천만 년 살아왔던 별이 통째로 사라지는 데 걸리는 시간은 불과 몇 초에 지나지 않는다. 이런 초신성 폭발은 은하 하나의 전체 밝기에 버금갈 정도로 아주 강한 섬광을 남긴다. 별 하나가 죽으면서 마지막 순간에 발산하는 빛은 별 수천억 개가 모인 은하 하나의 밝기에 맞먹을 정도로 강렬하다.

이렇게 차원이 다른 밝은 밝기 덕분에 초신성 폭발은 아주 먼 거리에 있는 은하까지의 거리를 재는 데 쓰이는 신호탄이 되기도 한다. 물론 초신성 폭발은 예측할 수 없다. 일종의 우주 자연 재해다.

중세 서양과 우리나라를 비롯한 동양의 기록에는 과거 하늘에서 갑자기 밝은 별이 나타나 며칠간 달보다 더 밝게 보였다가 사그라졌다는 내용을 찾을 수 있다. 지금은 그 당시 기록에 남아 있는 곳을 망원경으로 들여다보면, 한때 큰 폭발이 있었음을 암시하는 가스 덩어리 잔해만 두둥실 떠다니고 있다. 다행히 초신성 폭발은 머나먼 은하에서 발생하기 때문에 우리는 강 건너 불구경하듯 본다. 자주 터지지 않는 것을 아쉬워할 정도다.

여기서 중요한 것은 이렇게 폭발한 별이 자신의 흔적을 남긴다는 것이다. 별 하나를 통째로 날려버리는 이 강력한 충격파는 별을 산산조각내고 별을 이루던 모든 가스 물질을 주변에 뿌려버린다. 거대한 별이 빛나던 그 위치에는 이제 뿌연 가스 먼지 안개만이 남아 있을 뿐이다. 가스 구름, 성운에서 태어나 수억 년 동안 우주의 한 구석을 밝게 비추었던 별은 다시 가스 구름의 모습으로 죽음을 맞이한다.

지금의 가스 구름은 분명 그 폭발한 별이 존재하기 전의 가스 구름과는 다르다. 폭발과 함께 별이 사라지면서 주변 공간에 별이 만들었던 각종 무거운 원소들, 철, 탄소 등을 새롭게 덮어줬다.

과거 그 별이 존재하기 전, 이곳에는 끽해야 수소나 헬륨과 같은 비교적 가볍고 단순한, 해봤자 양성자 1, 2개만 있으면 쉽게 만들 수 있는 허접한 형태의 원소들이 대부분이었다.

그러나 우연히 타오르기 시작한 별은 오랜 시간 천연 자원을 꾸준히 태우면서, 기존에는 존재하지 않았던 새로운 형태의 무거운 원소들을 계속 생산했다. 그런데 불의의 사고로 그 별 공장에 큰 폭발이 발생했고, 그동안 공장에서 생산됐던 중원소 폐기물들이 주변 공간을 오염시키게 된다. 별이 태어나는 순간과 함께 이미 그 공간은 별 공장이 내뱉는 추억들로 조금씩 때가 타기 시작했다.

초신성의 후예들

인간이 만든 공장과 우주의 별 공장에는 차이가 있다. 별 공장의 폐기물은 유익하다. 우리 몸, 친구 가족들의 몸, 지금 내가 글을 쓰는 동안 앉아 있는 의자, 우리가 숨쉬는 공기, 우리가 발을 딛고 살고 있는 이 지구……. 모두 온갖 다양하고 복잡한 중원소들이 함께 반죽되어 만들어졌다.

만약 우주가 지금껏 오로지 수소와 헬륨과 같은 허접한 원소로만 이뤄져 있었다면 애초에 우리를 만들 재료가 없고, 우리가 존재할 수도 없다. 지난 130억 년의 시간 동안 어떤 일련의 과정을 거쳐 초기 우주에 존재하지 않았던 다양한 원소들이 추가됐기 때문에 우리가 우주에 나타날 수 있었다.

지금까지 알려진 우주에서 이런 중원소를 만들 수 있는 과정은 단 하나다. 바로 별의 핵융합 엔진. 우주 곳곳을 오염시키고 있는 별 공장만이 유일한 방법이다. 지금까지 알려진 다른 가능성은 없다. 즉, 우리 몸과 지구 곳곳에 녹아 있는 모든 원소들은 과거 우리가 살고 있는 태양계 주변 어딘가에서 짧은 삶을 마무리했던 초신성의 파편이라고 볼 수 있다. 우리를 우주에 존재할 수 있게 한 레시피는 수십억 년 전 사라진 초신성의 폭발과 함께 시작됐다.

어쩌면 우리의 몸속에는 오래전 그들의 하늘을 비추던 태양이 폭발하면서 사라지게 된 외계인들의 살점이 조금씩 녹아 있을지도 모른다. 우리의 태양이 폭발해 우리도 지구와 함께 우주 공간으로 흩어지게 되면, 먼 미래 우리의 살점이 또 다른 외계인의 피부 속에 녹아들어갈지도 모르는 일이다.

이런 맥락의 우주적 관점에서 우리는 모두 별 프랑켄슈타인이다. 이처럼 시간이 지나 어떤 별이 죽음과 함께 남긴 연기 잔해는 다시 재활용되어 그 다음 세대 별들의 재료가 된다.

태양도 그렇게 태어났다. 우리의 태양, 그리고 그 주변을 맴돌고 있는 행성들, 그중에서 지구라는 행성에 터를 잡고 살고 있는 우리들 몸속에도 지금까지 130억 년간 폭발과 함께 사라진 많은 별들의 추억이 고스란히 녹아 있다. 우리는 오래전 폭발한 초신성의 후손이다.

이는 결국 지구에 살고 있는 우리는 모두 과거 폭발한 초신성이라는 공통 조상을 두고 있음을 의미한다. 한때 유행했던 드라마 「별에서 온 그대」는 천문학과 상관없는 내용이지만 적어도 그 제목만큼은 굉장히 과학적으로 잘 고증된 이름이라고 생각된다. 나와 당신, 우리는 모두 먼 친척이다. DJ DOC의 「머피의 법칙」에 나오는 노랫말처럼, 누구를 사랑하든 그 사람은 당신과 같은 별 조상을 두고 있는 동성同星, The Same Star 동본이다.

지금도 우리 태양을 비롯한 모든 별들은 꾸준히 자신의 역할을 다하며, 계속 우주의 중원소 함량을 높이는 데 일조하고 있다. 우주에 새로운 별들이 태어나면서 우주 전체의 중원소 함량은 꾸준히 증가하게 된다. 빅뱅 직후 순수했던 상태에서, 지금은 우리와 같은 복잡한 피조물을 반죽할 수 있을 정도로 우주의 구성 성분이 다양하고 풍성해졌다.

그리고 지금도 계속 우주를 이루는 구성 성분은 더 다채로워지고 있다. 실제로 더 먼 곳에서 희미하게 빛나는 오래된 과거의 별들을 관측하면, 태양과 같은 요즘 별들에 비해서 중원소 함량이 현저하게 낮다는 것을 확인할 수 있다.

빅뱅 직후 태어난 1세대 최고 조상 별들을 시작으로, 세대를 거듭하면서 지금까지 별들의 중원소 함량은 꾸준히 증가한 것으로 알려져 있다. 이론적으로, 가장 처음 우주의 어둠을 밝혔을 1세대 별들은 순전히 수소와 헬륨으로만 이뤄져 있어야 한다. 수소와 헬륨을 제외한 다른 중원소 함량은 0이어야 한다. 천문학자들은 이 가설을 확실하게 검증하기 위해 계속해서 더 먼, 우주 끝자락에 어렴풋하게 숨어 있는 순진무구한 1세대 최고 조상 별을 직접 관측하기 위해 계속 노력하고 있다. 조금씩 그에 가까워지고는 있지만 정확하게 관측적으로 확인된 사례는 없다.

아직 이 조상님들의 존재에 대한 분명한 증거를 포착하지 못한 데는 이유가 있다. 이 조상 별들의 수명이 너무 짧아 우주적 관점에서는 아주 찰나의 순간 동안만 존재했다가 폭발과 함께 사라졌기 때문이다. 수소와 헬륨을 제외한 비교적 더 무거운 중원소들은 그보다 더 많은 수의 전자를 거느리고 있는데, 이 전자들은 별 내부의 뜨거운 에너지를 중간에 가로채는 역할을 한다. 이런 과정이 없다면 별은 자신의 화병을 버티지 못하고 부글부글 끓어오르다 속이 터져 죽게 된다.

다행히 우리 태양을 비롯한 요즘 세대의 많은 별들은 태어날 때부터 다양한 중원소들과 함께 반죽된다. 그리고 이들이 별이 태어나는 초기의 열을 잠재우는 안정제, 냉각제 역할을 한다. 이 덕분에 금세 터지지 않고, 꽤 오래 안정적인 상태로 버틸 수 있게 된 것이다. 반면 우주 초기 이런 중원소가 아예 존재하지도 않았던 때에 만들어진 별에는 이런 안정제 역할을 해줄 만한 재료가 없다. 열에 취약한 수소와 헬륨으로만 이뤄진 1세대 조상님들은 태어난 지 얼마 지나지 않아 울화를 참지 못하고 수백, 수천만 년 만에 사라졌다. 이 정도면 우주에서는 찰나다.

따라서 우주가 지금까지 시간이 흘러오면서 단순히 별들의 중원소 함량만 증가한 것이 아니라, 그 덕에 별들이 더 오래 안정적으로 빛날 수 있게 됐다고 볼 수 있다. 초창기 우주의 별들은 아주 강렬하고 밝게 빛났을지는 모르지만, 그 주변에 지구와 같은 행성을 곁에 두고 그곳에서 우리와 같은 생명체들이 자리를 잡을 때까지 기다려줄 만큼 참을성이 좋지 못했다. 이제와서 그 존재 자체를 확인하기 어려울 만큼, 불과 수백만 년 만에 거대한 폭발과 함께 자신의 자취를 감췄다.

하지만 그들이 남긴 초신성 잔해는 후손 별들에게 중요한 양분이 됐다. 후손 별들은 자신과 같은 과오를 범하지 않도록 만들어줬다. 그들이 남긴 중원소들 덕분에 태양과 같은 후손 별들은 더욱 침착하게 오래 타오르며, 그 곁에 우리 지구와 같은 아름다운 행성이 성장할 때까지 지켜볼 수 있게 됐다.

많은 사람들은 이별 후에 겪는 후폭풍 속에서 사랑을 배우고 학습한다. 모든 이별은 초신성 폭발처럼, 우리 모두의 가슴 속에 상처를 내고 파편을 남긴다.

1세대 초신성 폭발처럼 참을성 없고, 예민했던 어릴 적 사랑에 대한 추억과 경험들은, 우리가 더 노련하게 사랑을 할 수 있는 성인으로 성장할 수 있게 해준다. 그렇게 우리는 머리 위 태양이 50억 년간 가만히 지구를 지켜봤듯이 상대방을 기다려주고 이해할 줄 알게 된다.

우리 태양이 성숙한 별이 될 수 있도록 귀한 양분을 남기고 간, 1세대 별. 이들은 수명이 짧은 탓에 직접 망원경을 통해 발견할 수 있는 기회가 희박하다. 지금까지 꾸준한 천문학자들의 족보를 캐는 노력 덕분에 중원소 함량이 거의 0에 가까운 1.1에서 1.2세대 정도로 추정되는 별들까지는 발견됐다. 그러나 완벽하게 중원소가 존재하지 않는, 우주 첫 번째 별들은 아직 확인되지는 못했다. 부끄러움이 많은 조상님들과의 지겨운 숨바꼭질은 지금도 계속되고 있다.

대부분의 별은 폭발과 함께 사라진다. 그 세기와 시기는 제각각이지만, 마지막 순간의 모습은 비슷하다. 하지만 이 우주에서 완벽하게 사라지는 별은 없다. 그저 둥글게 뭉쳐 있던 가스 덩어리에서 공간에 흩어져 있는 가스 구름으로 모습을 바꿀 뿐이다. 모든 별들의 추억은 영원히 사라지지 않고 남아 있다.

우리도 잠시 인간의 형체를 한 별의 일종이다. 우리의 하늘을 비추고 있는 태양도 어느 정도 예정된 수명이 있다. 지금까지 살아온 50억 년 만큼 더 살면, 태양도 거대하고 붉은 가스 덩어리가 되어 더 이상 자신의 불안정한 상태를 버티지 못하고 큰 폭발과 함께 사라지게 된다. 그러면 이곳에 태양계가, 그리고 여기 우리 지구가, 그리고 그 행성에 우리들이 수천만 년 동안 역사를 만들며 힘겹게 존재해왔다는 사실을 모두 지워버릴 것이다. 수억 년 후 또 다른 외계 문명이 우연히 이 자리에 찾아온다면 그들은 우리가 우주에 존재했었다는 사실을 알아차릴 수 없다. 어쩌면 지금 우리가 살고 있는 이 태양계가 자리한 이곳에 오래전 또 다른 별의 폭발과 함께 사라진 고대 문명의 추억이 유령처럼 공간을 떠돌고 있는지 모른다.

하지만 분명 수억 년이 지나도 이 주변 공간에 떠다니고 있을 무거운 원소들 하나하나에는 과거 이곳에 태양이라는 별이 100억 년이란 시간을 뜨겁게 타올랐음을, 그리고 그 주변에 지구를 비롯한 아름다운 8개의 행성들이 각자의 역사를 간직했음을 증명해줄 것이다. 그리고 인류라는 문명이 나름대로 최선을 다하며 자신들이 살고 있던 태양계 곳곳을 누비고 이 우주를 상상했음을 증명해줄 것이다.

결국 우리도 언젠가 정해진 수명이 다하면 사라진다. 이 세상의 모든 커플도 언젠가는 이별을 하게 된다. 그것 자체는 거부할 수 없는 우주의 운명, 물리적 법칙일지도 모른다. 최소한 그 별이 빛나며 남겼던 별의 추억은 영원히 우주에 남아 미래의 우주를 더 풍성하게 만들어주는 소중한 자산이 된다.

하지만 우주에서 영원한 이별은 없다. 설령 지금 내가 함께 사랑을 나누고 있는 지금의 연인과 머지않아 이별을 하게 된다 하더라도, 더 이상 나는 그녀를 만나기 전 과거의 나와는 다른 사람이다. 그녀와 수년간 사랑을 나누면서 내 마음 속에는 많은 중원소들이 차곡차곡 쌓여왔다. 그녀가 내 가슴에 초신성 폭발을 일으키더라도, 그 잔해들은 멀리 떠나지 않고 계속 내 가슴 속 어딘가를 떠돌고 있을 것이다. 그렇게 나는 사랑에 대해 또 다른 교훈을 얻을 것이고, 그 잔해들은 내가 새로운 사랑을 시작함에 있어 귀한 자산이 될 것이다. 다음 별은 조금이나마 더 오래 안정적으로 타오를 수 있게 해주는 첨가제가 될 것이다. 그렇기에 지금의 사랑에 최선을 다한다.

우주가 130억 년 동안 반복하는 것

별들의 일생에서 가장 흥미로운 사실은 별이 태어나는 곳과 죽는 곳이 똑같다는 점이다.

별이 죽으면서 가스 구름이 되면, 시간이 지나 그 가스 구름이 다시 뭉쳐지면서 그 다음 별이 된다. 이렇게 우주는 가스 구름에서 별 사이를 오가는 순환을 반복한다. 이런 가스 구름을 별 구름이라는 뜻으로 성운[星雲, Nebula]이라고 부른다. 만약 어떤 성운의 사진만 본다면, 그곳이 어떤 별이 폭발하면서 남긴 묘지의 흔적인지, 아니면 새로운 아기 별들이 태어나고 있는 산실인지 구별할 수 없다. 엄밀하게는 어떤 별이 폭발하면서 가스 구름을 남기면 그곳에서 거의 동시에 폭발한 별의 충격으로 주변 먼지와 가스들이 밀리고 뭉쳐지면서 다시 새로운 별들이 반죽되어 태어난다.

그렇기 때문에 두 가지 다 정답이라고 볼 수 있다.

지름 10만 광년의 거대하고 납작한 우리은하의 나선팔에는 이런 별들이 태어나고 죽어가는 현장으로 가득하다. 은하의 나선팔과 원반을 따라 곳곳에 흩뿌려진 성간 물질 가스 구름들은 새로운 별이 태어나게 될 약속의 땅인 동시에, 이미 오래전 존재했다가 사라진 별들이 남기고 한 유훈인 셈이다.

수억 년 전 가스로 가득한 우리은하의 나선팔에 자리하고 있던 무거운 별들은 그 짧은 삶을 마감하면서, 큰 폭발과 함께 가스로 가득한 은하의 원반부에 텅 빈 공간을 만든다. 폭발의 충격파로 주변부의 가스 물질이 밀려나가는 것이다. 초신성의 충격파는 아주 강력하기 때문에 은하의 원반부 위아래로 가스 물질이 뻗어나갈 정도로 아주 세게 밀어낼 수 있다.

실제로 우리 주변의 다른 납작한 원반 은하들에서도 이런 초신성들의 희생으로 뻗어나온 수직 방향의 가스 가닥들을 볼 수 있다. 이렇게 위아래로 솟아 나갔던 가스 구름의 흐름은, 다시 중력에 의해 원반부로 가라앉으면서 새로운 가스의 흐름이 된다. 마치 위로 솟았던 분수대의 물이 다시 분수대 아래로 떨어지는 것 같다고 해서, 은하 분수Galactic Fountain라고도 부른다. 이렇게 초신성의 폭발로 내몰렸던 가스 물질이 다시 가스로 모여 있는 원반부로 쏟아지면서 새로운 가스 구름이 뭉쳐지고 반죽되는 사이클이 반복된다.

무작위하게 흩뿌려져 있던 나선팔 사이사이 가스 구름들은 다시 서로의 미세한 중력에 의해 뭉치기 시작한다. 때로는 뜨겁고 무거운 푸른 별들이 강한 에너지로 항성풍을 뿜어내면서 그 바람의 외곽을 따라 물질을 쓸어내 반죽할 수 있게 모아준다. 마치 집 안의 먼지를 빗자루로 쓸어내 모아놓는 것과 비슷한 원리다. 앞서 설명했듯이 너무 많지도 그렇다고 너무 적지도 않은 썸역학 평형을 이룰 수 있는 적당한 양의 가스 구름이 반죽이 되어, 중심에서 수소 가스를 연료로 사용해 핵융합 엔진이 가동되면 새로운 별이 태어나는 것이다. 우리은하를 비롯한 납작한 원반 은하들의 원반부에서 이렇게 갓 태어난 푸르고 뜨거운 O형 혹은 B형 별들로 가득한 OB 성협이라고 부른다.

이처럼 우주 대부분의 별들은 고향과 장지葬地가 동일하다. 따지고 보면, 평생 태어난 고향에서 붙박이로 죽을 때까지 살다가 그곳에서 묻히는 셈이다. 그리고 다시 그 자리에서 그 다음 세대 별로 환생하여, 똑같은 순환 고리를 반복하는 무한 도돌이표의 삶을 살아간다. 다만 그 다음 세대에 태어나는 별은 기존의 별보다는 더 다양한 중원소로 뒤덮여 있을 뿐.

그렇게 별들은 세대를 거듭하며 더 알차고 안정된 버전으로 진화한다. 우주 전체가 진화하는 것이다. 그리고 우리는 그 흐름 속에서 중간에 파생된 중간물질이다.

우주는 쉼 없이 별을 만든다. 사라진 별을 그리워하는 마음을 새롭게 별을 만들어내면서 달래는 듯하다. 오래전 이 우주를 밝혀주었던 별의 조각들을 모아, 우주를 더 밝고 오래 비출 수 있는 다음 세대의 별을 빚어낸다.

우리의 태양도 시간이 지나면 결국 그 길었던 삶을 마감하고 폭발과 함께 우주에서 자취를 감추게 될 것이다. 그 주변을 맴돌고 있는 지구를 비롯한 가까운 행성들도 점점 부풀어 오르는 태양에 집어삼켜진 채 함께 사라지게 될 것이다. 그러면 우리의 지구와 태양은 산산히 부서진 채 다시 이 자리에 새로운 별과 행성, 그리고 새로운 문명이 탄생하는 데 재활용될 것이다. 아니 애초에 우리 몸속에 이미 오래전 이곳에 살다가 사라진 고대 항성계와 문명의 추억이 조각조각 스며들어 있을지도 모른다. 우리 그 자체가 우주 진화의 살아 있는 생화석, 살아 있는 증거인 셈이다.

이처럼 우리는 쉼 없이 사랑을 한다. 때로는 아픈 이별을 겪지만, 새로운 사랑으로 그 상처를 치유한다. 사랑의 경험을 통해 우리는 더욱 성숙해가고 삶을 풍성하게 만들어간다. 때론 이별의 상처가 은하 원반부에 구멍을 만들어내는 초신성의 충격파만큼 아프지만, 그 빈 공허한 마음을 다시 새로운 사랑의 별을 만들어 채워넣는다.

우리는 사랑한다. 그리고 헤어진다. 그리고 다시 사랑을 한다. 우주는 지난 130억 년간 이 이별과 새로운 사랑의 사이클을 반복하고 있다. 우리는 그 사이클과 함께 흘러가는 우주의 일부다.

맺음말

모두가 우주에 한발 가까워지는 특별한 순간을 꿈꾸며

나는 과학 커뮤니케이터다. 조금 생소한 말일 것 같다. 설명하자면 과학 지식을 바탕으로 대중들에게 재미있는 이야기를 들려주거나 공연을 기획하는 사람이다.

나를 본격적으로 세상에 알리게 된 건 MBC 예능프로그램 「능력자들」이지만, 과학 커뮤니케이터로서의 활동은 2011년에 시작됐다. 연세대학교에서 무가지 형태로 발행된 「우주라이크WouldYouLike」가 그 활동의 시작이었다. 그러다 2014년에는 매년 영국에서 열리는 국제 과학 커뮤니케이션 대회 페임랩FameLab에 한국 대표로 참가하게 됐다. 좀 더 다양한 사람이 모인 자리에서 과학 연구자들을 만났고, 문화의 다양화에 과학 지식이 보탬이 될 수 있다고 생각했다.

이후 대학원에서 연구를 겸하며 중·고등학교에서 학생과 과학 교사를 대상으로 별과 우주에 관한 이야기를 들려주고 있다. 대학 곳곳에서 열리는 테드-엑스[TEDx] 무대에 섰고, 이제는 각계각층의 사람들과 소통한다.

과학 커뮤니케이터로서 이 책에 사용한 '썸'에는 두 가지 의미가 있다. 하나는 연인이 되기 직전에 오가는 미묘한 감정 놀이를 의미한다. 요즘 말로 "썸을 탄다"는 말을 할 때 쓰이는 썸[Some]이다. 다른 하나는 과학에서 합계의 의미로 사용하는 서메이션[Summation]의 약자로 쓰이는 썸[Σ, Sum]이다.

속내를 쉽게 들춰내지 않는 우주와 그 비밀을 어떻게든 알아내고 싶은 천문학자. 이 둘은 연인처럼 오묘하게 썸을 타고 있다.

천문학자는 이 거대한 우주에서 한없이 작아졌다가, 다시 우주의 주인공이 되어 우주[세계]를 분해하는 경험을 한다. 그러는 동안 허무함에서 경이로움을 느끼고, 0에서 무한대까지 모두 더해가며 감정의 양극단을 오간다. 아마 인류 전체가 그럴 것이다. 우주는 사랑처럼 두 극단을 동시에 느낄 수 있는 공감각적인 존재다.

내가 생각하는 과학 커뮤니케이션은 교육이 아니다. 애인과 친해지면 친해질수록 처음의 설렘과 애틋함이 줄어들고 그 익숙한 매력으로 더 푹 빠져들게 되는 것처럼, 결국 과학 커뮤니케이션 자체가 바로 과학과 썸을 타는 과정이다.

시간이 지나면서 연애 초반의 내숭이 사라져도 사랑하는 마음에는 변함이 없듯이, 과학과 우주도 더 이상 새로운 모습만 보여주기 위해 노력하지 않아도 사랑받을 수 있는 대상이 되면 좋겠다. 나아가 과학도 전문가들의 리그에 갇힌 학문의 한 분야가 아니라, 언젠가 대중문화의 한 장르로서 소비될 수 있을 것이라는 희망을 가져본다.

상상해보자. 천문학을 공부하지 않은 예술가도 대수롭지 않게 별의 일생을 말하고, 대중이 그 의미를 알아차리는 아름다운 순간을. 블랙홀의 이야기에서 인생의 진리를 비유하는 것이 어렵지 않을 그날을. 유명 연예인을 좋아하는 것처럼 학자를 좋아하는 취향이 '덕후'로 분류되는 것이 아니라 '다양한 취향'으로 묶일 날이 오기를 희망한다.

그런 꿈을 가지며, 첫 책 『썸 타는 천문대』가 누구나 천문학을 즐기고 우주를 대수롭지 않게 느끼는 데 도움이 되었으면 한다.

천문학도로서의 삶을 곁에서 응원하고 지도해주신 부모님과 윤석진 교수님, 그리고 우주에 대한 썸을 책에 담을 수 있도록 제안해준 편집자에게 감사를 전하며 책을 마친다. 앞으로 더욱 사랑받을 우주의 내일을 위하여, 오늘도 나는 밤하늘을 바라본다.

부록

"오늘 나랑 별 보러 갈까?"

별 하는 오빠가 추천하는 천문대

수많은 연인이 밥, 커피, 영화 이 세 가지 항목을 다양하게 재배치하며 데이트를 즐긴다. 그래봤자 수학적으로 계산해보면 이 다양성의 경우의 수는 3×2×1, 즉 6이다.

때론 데이트 패턴을 벗어나기 위해 돈과 시간을 마련하고 용기를 내어 멀리 여행을 간다. 산과 계곡으로, 파도와 수평선이 있는 해변가로, 재밌거리가 있는 지역 축제로. 하지만 이런 활동들도 똑같은 패턴을 양산하고 만다. 낮 동안 멋진 풍경을 찰칵, 귀여운 길거리 음식을 손에 들고 찰칵, SNS에서 사진 자랑. 밤에는 사랑을 나누고.

결국 어디를 놀러가든 같은 패턴 안에 있을 것이다. 늘 그랬듯이. 그럼 이제 돈과 시간을 더 많이 마련해서 해외여행을 하라는 말인가? 애석하게도 그래도 소용없다! 왜냐하면 그래봤자 지구 안이니까!

나는 이럴 때 '우주'라는 세상을 한번 쓱 끼워 넣어보라고 제안한다. 눈앞에 쏟아지는 은하수를 보며, 별빛으로 샤워를 하며, 두 손을 맞잡으며, 체온을 느끼며, 우리가 지금 여기에 있음을 느끼게 될 것이다. 곁에 있는 사람이 특별해지는 순간이 될 것이다.

다음에 언급되는 천문대들은 '아는 사람만 간다' '로컬들만 안다'는 곳이다. 여러분이 읽는 이 몇 페이지가 사랑에 새로운 추억을 가져다주기를.

양평 중미산 천문대

1999년 '하늘 아래 첫 언덕'이라는 이름으로 개관한 이 천문대는 중미산 국립공원 휴양림 근처에 위치해 있다. 사방이 산으로 둘러싸여 있다. 덕분에 비교적 수도권에 위치했는데도 도시 불빛이 가로 막혀 어두운 하늘과 아름다운 별들을 즐길 수 있다. 드라마 「별에서 온 그대」의 마지막 회에 이곳이 배경으로 쓰이기도 했다. 최근에는 해외에서도 관광객들이 간간히 먼 길을 찾아온다고. 맑은 날씨만 잘 보태준다면, 맨눈으로 1등성까지 볼 수 있는 해발 437미터에 위치한 조용한 천문대다. 달과 토성 등 방문 시기에 하늘에서 볼 수 있는 천체들을 관측 돔의 반사 망원경을 통해 즐길 수 있다.

천문대 돔 주변에는 방문객들의 휴식 공간과 교육 공간을 겸하는 카페가 있다. 밝게 빛나는 밤하늘 지도 천문의 아래서 휘핑 크림을 얹은 커피를 마시다보면, 내 머리에는 하늘을 얹은 기분이 들어 묘하다. 천문대 주변에는 생태 숲이 있으니, 산책을 즐길 수도 있다. 비교적 근교에 위치해 있어 숙박 시설을 이용하기도 어렵지 않다.

무주 반디별 천문 과학관

환경 테마 공원, 곤충 박물관, 야외 수영장 등 다양한 시설과 천문 관측 돔, 천체 영상 투영 시설을 모두 갖췄다. 하나의 거대한 테마파크다. 건물 내부에는 계단을 따라 오르내리다 보면 자연스럽게 우리은하의 진화 과정과 별이 진화하는 모습을 시간 순서대로 이해할 수 있게 해놓은 전시물이 아주 매력적이다. 우주복을 입고 3D 영상에 합성해서 우주를 누비는 듯한 체험도 가능하다.

관측 돔에 올라가면 80센티미터 주 망원경과 다양한 망원경으로 특정 계절에만 볼 수 있는 행성과 다양한 천체들을 만날 수 있다. 낮에는 태양 망원경을 통해 태양의 표면까지도 관측할 수 있는 프로그램이 마련되어 있다.

바로 옆에 위치한 반딧불이 생태공원으로도 유명하기 때문에, 밤 산책 후 천문대로 걸음을 옮기면 땅과 하늘을 밝게 비추는 우주의 조화를 즐길 수 있다.

주변에 텐트를 직접 치고 밤을 보낼 수 있는 야영장도 마련되어 있어 우주를 덮고 둘만의 알콩달콩한 밤을 보낼 수 있다.

포천 아트밸리 천문 과학관

'아트밸리'라는 이름답게 다양한 예술 작품들이 곳곳에 전시되어 있는 예술 공원 꼭대기에 천문대가 놓여 있다. 낮 동안 미술 작품을 즐기며 데이트를 하다보면 해가 지기 시작할 것이다. 그러면 모노레일 티켓을 사자. 워낙 거대한 계곡 전체를 테마파크로 만들었기 때문에 천문대까지 올라가기 위해서는 걸어갈 수 없다. 대신 모노레일을 타고 계곡 사이를 굽이굽이 올라가 천문대에 도착하는 특이한 경험을 하게 될 것이다.

천문 과학관까지 올라가면 커다란 지구 모형과 우주 정거장 모형이 눈에 들어온다. 박물관으로 들어가면 태양을 비롯한 은하, 별 등 다양한 우주 역사를 지루하지 않게 시각적으로 잘 살펴볼 수 있다. 이곳은 돔 형태의 관측소가 아니라 가로로 길게 개방되는 형태다. 만화영화에서 로봇들이 출동할 때처럼 관측실의 지붕이 갈라지면서 하늘 문이 열리면 관측이 시작된다. 망원경이 워낙 많이 구비되어 있어서 방문객이 많아도 기다리는 시간이 지루하지 않다.

돌아오는 길에는 근처에 위치한 천주호의 아름다운 절경을 돌아보는 것도 좋은 데이트 코스가 될 것이다. 내려오면 상쾌한 기분으로 우주 데이트를 마무리할 수 있다.

예천 천문 과학 문화센터

별을 바라보면서 감성에 빠지는 것으로 만족할 수 없는 사람도 있을 터. 평소 익스트림 스포츠를 즐기고 역동적인 데이트를 하던 커플에게 강력히 추천하는 우주 데이트 명소다. 우주 환경을 재현하고 우주인들이 받는 훈련을 간접적으로 체험해볼 수 있게 꾸며진 우주 놀이 공원이다. 서울에서는 다소 멀게 느껴질 수 있지만, 한국에 있는 우주 놀이 공원이라니!

이곳은 크게 두 건물로 구분되어 있다. 별 천문대와 스페이스 타워. 별 천문대는 이름답게 우주에 관한 전시물과 망원경이 있다. 스페이스 타워의 1층에는 낯익은 것이 하나 있다. 전투기 조종사와 우주 비행사가 훈련할 때 오르던 그것! 빠른 속도로 빙빙 도는 중력 가속도 훈련 장치다. 로켓이 발사될 때 빠른 가속도로 엄청난 압력을 느끼게 되는데, 그것을 미리 연습하는 장비를 작게 구현해놨다. 무중력 상태를 느껴볼 수 있는 장비도 있다. 훌라후프 같은 것들 사이에 둘러싸인 의자에 앉아 빙빙 돌기 시작하면 감각이 사라지면서 무중력을 느낄 수 있다.

마지막으로 가장 재밌는 것 중 하나는 달의 중력을 체험하는 체험장이다. 월면을 재현해놓고 천장에 스프링이 달린 허리띠를 차고 걸음을 걷는 것인데, 스프링 덕분에 한 번 뛰면 정말 높게 뛰어올라서 달의 중력을 체감할 수 있다.

썸 타는 천문대

펴낸날 초판 1쇄 2016년 10월 31일

지은이 지웅배
펴낸이 심만수
펴낸곳 (주)살림출판사
출판등록 1989년 11월 1일 제9-210호

주소 경기도 파주시 광인사길 30
전화 031-955-1350 팩스 031-624-1356
홈페이지 http://www.sallimbooks.com
이메일 book@sallimbooks.com

ISBN 978-89-522-3531-2 03440

※ 값은 뒤표지에 있습니다.
※ 잘못 만들어진 책은 구입하신 서점에서 바꾸어 드립니다.

이 도서의 국립중앙도서관 출판예정도서목록(CIP)은 서지정보유통지원시스템 홈페이지(http://seoji.nl.go.kr)와 국가자료종합목록시스템(http://www.nl.go.kr/kolisnet)에서 이용하실 수 있습니다.(CIP제어번호: CIP2016024248)

책임편집·교정교열 **구민준**